凤城丽影

——泰州鸟类观察手册

主编
孙海涛　徐　亮　张宗祥

A Field Guide to the Birds of Taizhou

江苏凤凰科学技术出版社·南京

图书在版编目（CIP）数据

凤城丽影 ： 泰州鸟类观察手册 / 孙海涛， 徐亮， 张宗祥主编. -- 南京 ： 江苏凤凰科学技术出版社， 2025. 5. -- ISBN 978-7-5713-5242-4

Ⅰ. Q959.708-62

中国国家版本馆CIP数据核字第2025R74757号

凤城丽影——泰州鸟类观察手册

主　　编　孙海涛　徐　亮　张宗祥
责任编辑　韩沛华
责任校对　仲　敏
责任设计　孙达铭
责任监制　刘文洋

出版发行　江苏凤凰科学技术出版社
出版社地址　南京市湖南路 1 号A楼，邮编：210009
编读信箱　skkjzx@163.com
照　　排　江苏凤凰制版有限公司
印　　刷　上海雅昌艺术印刷有限公司

开　　本　890 mm×1 240 mm　1/32
印　　张　9.5
插　　页　6
字　　数　200 000
版　　次　2025 年 5 月第 1 版
印　　次　2025 年 5 月第 1 次印刷

标准书号　ISBN　978-7-5713-5242-4
定　　价　98.00 元

本书编委会

主　编　孙海涛　徐　亮　张宗祥

副主编　黄　辉　朱宇芳　马士胜　郭陶然

参　编　张　旭　谭　昭　信　誉

摄　影　（按姓氏笔画排序）

马士胜　王　铎　王子昊　王学辉　王跃先　石俊祥
卡利得　卢　寒　冯欣夷　朱迎春　任之峰　刘　艺
刘宇轩　汤正华　孙海涛　严　浩　李国华　李鸿屹
杨　勇　吴建华　沈海波　陆　信　郑运祥　赵天天
赵海洋　郝夏宁　胡　刚　胡　恺　胡晓峰　信　誉
姜　龙　姚建兴　顾祥忠　钱景华　徐鸿顺　葛　飞
程振尧　蒲　川　詹凌雪　管昊昱　薄顺奇　戴书生
戴红章　魏羚峰

绘　图　陈　丽　冯建伟　张海霏

序

在习近平生态文明思想的指引下，党的二十大擘画“推动绿色发展，促进人与自然和谐共生”的宏伟蓝图，生态环境保护部应运而生，环境监测作为生态文明建设的“顶梁柱”和“生命线”，开始实现从“环境质量监测”到“生态环境监测”的历史性变革，不仅是监测对象由水、气、土向生物多样性、生态安全等领域的延伸，更是监测理念由环境要素与末端监控向生态系统整体评估与监管的跃升。

江苏省泰州环境监测中心在职能转变中展现了前瞻视野，监测工作者的镜头从排污口转向鸟类的羽翼，折射出的正是生态文明时代生态环境监测体系的历史性跨越，《凤城丽影——泰州鸟类观察手册》的编撰出版正是这一转型历程中极具标志性的实践成果，充分展示了地方生物多样性保护成效，用科学数据告诉你美丽中国哪儿美，诠释着“山水林田湖草沙是生命共同体”的鲜活实践。

这本凝聚监测人心血的手册收录泰州地区有分布的鸟类290种，既是严谨的科学图鉴，更是生态治理的“解码器”。书中按游禽、涉禽、陆禽、猛禽、攀禽、鸣禽六大生态类群构建的观测体系，不仅为鸟类多样性研究提供系统化框架，更通过雌雄成幼、羽色变化、栖息环境等特征的全维度解析，建立起“物种一生境一生态系统”的监测逻辑链。作为公众参与的生态启蒙读本，手册更架起了科学监测与社会共治的桥梁，书中精心设计的趣味科普、观鸟密钥和生境解码模块，将专业数据转化为公众可感知的生态语言。

愿本手册成为新时代生态环境监测转型的启航之帆，引领全社会各领域的更多生态环境保护参与者在建设美丽中国的征程中，谱写人与自然和谐共生的监测新篇章。

生态环境部生态环境监测司原司长 柏仲勇

泰州市地处江苏中部，全市除靖江市境内有一独立山丘外，其余均为长江、淮河两大水系冲积平原，是长江三角洲冲积平原的一部分。这里有大片的草本沼泽、芦苇荡、湖泊、河流、水产养殖塘、库塘、垛田等丰富的湿地资源。因缺乏除长江外的其他自然阻隔，在动物地理区划上，泰州属于古北界华北区黄淮平原亚区和东洋界华中区东部丘陵平原区的交汇区，古北界和东洋界动物在此相互渗透分布，物种呈现过渡性特征。

截至 2024 年 12 月 31 日，泰州市记录到的野生鸟类共计 20 目 62 科 290 种。其中，国家一级保护鸟类有 8 种，包括东方白鹳（*Ciconia boyciana*）、黄胸鹀（*Emberiza aureola*）、黑脸琵鹭（*Platalea minor*）、青头潜鸭（*Aythya baeri*）、中华秋沙鸭（*Mergus squamatus*）、彩鹮（*Plegadis falcinellus*）、秃鹫（*Aegypius monachus*）和白头鹤（*Grus monacha*）；国家二级保护鸟类有 53 种。同时，列入《世界自然保护联盟受威胁物种红色名录》（《IUCN 受威胁物种红色名录》）极危鸟类有 2 种（黄胸鹀、青头潜鸭），濒危鸟类 7 种［中华秋沙鸭、东方白鹳、黑脸琵鹭、大杓鹬（*Numenius madagascariensis*）、大滨鹬（*Calidris tenuirostris*）、蒙古沙鸻（*Charadrius mongolus*）、鸿雁（*Anser cygnoides*）］，易危鸟类 8 种［白头鹤、红头潜鸭（*Aythya ferina*）、尖尾滨鹬（*Calidris acuminata*）、阔嘴鹬（*Calidris falcinellus*）、弯嘴滨鹬（*Calidris ferruginea*）、灰鸻（*Pluvialis squatarola*）、仙八色鸫（*Pitta nympha*）、田鹀（*Emberiza rustica*）］。

《凤城丽影——泰州鸟类观察手册》鸟种的学名、英文名和中文名采用郑光美《中国鸟类分类与分布名录》（第四版）（2023），读者在阅读和使用各类工具书和观鸟小程序时可能会发现部分鸟种中文名存在不同的现象，为便于读者阅读使用本书，按《中国观鸟年报 - 中国鸟类名录 12.0》（2024）在文中备注了别名。

由于编者专业能力和水平有限，书中难免会存在错漏，敬请各位读者和专家批评指正。

本书编委会

陆鸟图鉴

陆禽篇 134

猛禽篇 138

附录

扫码解锁

AI 观鸟员带你了解鸟类

‹ 文字信息 ›

鸟种[1] 标注的学名、中文名和英文名，采用郑光美《中国鸟类分类与分布名录》（第四版）（2023）。

居留型[2] 分为 5 个类型，即留鸟、夏候鸟、冬候鸟、旅鸟、迷鸟。

常见度[3] 该鸟种在泰州地区的常见度（★罕见；★★少见；★★★易见；★★★★常见；★★★★★极常见）。

级别[4] 该鸟种的受保护级别（国一：国家一级保护动物；国二：国家二级保护动物；三有：三有动物，即有重要生态、科学、社会价值的陆生野生动物）。

IUCN 等级［灭绝（EX）：一个物种的最后一个个体已经死亡。野外灭绝（EW）：一个物种只存在人工养殖状态下的个体。区域灭绝（RE）：一个物种在某个区域内的最后一个个体已经死亡。极危（CR）、濒危（EN）和易危（VU）：这 3 个等级统称为受威胁等级。列入

分类阶元：目（中文名及学名）

居留型[2] 常见度[3] 级别[4]

分类阶元：科（中文名及学名）

学名[1]

中文名[1]

英文名[1]

可见月份[5]

两型[6]

体长[7]

识别[8]

生境[9]

习性[10]

食性[11]

别名

科普内容

页码

拍摄人

鹰形目 ACCIPITRIFORMES **鹰科** Accipitridae

Circus cyaneus

白尾鹞

Hen Harrier

居留型： 冬候鸟 / 旅鸟
常见度： ★★
级　别： 国二、LC

1 2 3 4 5 6 7 8 9 10 11 12

两型： 雌雄二型　**体长：** 41～53 cm

识别： 翼指 5 枚，虹膜为黄色，腰白色。雄鸟整体灰色，下体偏白，翼尖黑色。雌鸟体型较大，整体褐色，颊与颈间具白环，胸腹密布褐色纵纹，飞行时可见明显白色腰部，翼狭长。幼鸟似雌鸟，但胸腹颜色更深，虹膜褐色。

生境： 栖于平原湖泊、沼泽、农田、荒原等。

习性： 常单独活动。飞行时两翼上举呈“V”形，常贴地面低空飞行，密切搜寻着草丛中的猎物。

食性： 主要捕食小型鸟类、鼠类、蛙类、蜥蜴和大型昆虫等。

雄鸟

郑运祥 摄

●**猛禽的飞行方式**

猛禽拥有超高的飞行技巧，这是猛禽与其他鸟类最大的区别之一，大致可分为 7 类：鼓翼（翅）飞行、盘旋飞行、滑翔飞行、俯冲飞行、悬停飞行、飘飞飞行、展示飞行。

鼓翼飞行 鼓动双翼向前飞行，即向前下方扇动翅膀前进。但猛禽体型较大，多数不善于长时间鼓翼飞行。

盘旋飞行 完全伸展双翼，不鼓翼，利用空气中上升的热气流以绕圈的方式缓缓向上盘旋。盘旋是猛禽飞行获得高度的一种方式。

滑翔飞行 伸展双翼，不鼓翼，以直线前进，但高度会缓慢下降。滑翔是猛禽节省体力向前飞行的一种方式。

俯冲飞行 从高处迅速向下加速，收拢双翼，靠重力加速。俯冲主要是为了突击猎物或威吓其他动物。

悬停飞行 在空中保持一定高度和位置，不向前飞行，如悬吊空中。悬停需逆风，鼓翼或不鼓翼，依靠翅膀和尾羽调整重力与风力的平衡悬停空中。猛禽悬停主要是为了搜寻和锁定地面上的猎物。

飘飞 伸展双翼，不鼓翼，利用上升气流在空中不定路线的缓慢飘浮飞行，是滑翔与盘旋飞行的综合。飘飞可能是猛禽的一种休息方式，有时猛禽在空中进食也会采取飘飞的方式。

展示飞行 为了展示或炫耀的一种特殊飞行方式，一般用在异性求偶或宣示领地时。

148　凤城丽影——泰州鸟类观察手册

这 3 个等级的物种被认为是受威胁物种，灭绝的风险由高到低。极危被认为该物种的野生种群面临即将灭绝的概率非常高。近危（NT）：一个物种未达到极危、濒危或易危标准，但在未来一段时间内，接近符合或可能符合受威胁等级。无危（LC）：一个物种评估未达到极危、濒危、易危或近危标准，则为无危。数据缺乏（DD）：缺乏足够的信息对某一物种的灭绝风险进行评估。未认可（NR）：该物种尚未被 IUCN 认可。（本书列出的 IUCN 等级参考截至 2024 年的信息。）]

可见月份[5] 该鸟种在泰州出现的时间，用浅蓝色表示。

两型[6] 根据雌雄鸟外形的差异分为雌雄相似和雌雄二型。

体长[7] 该种鸟的体长，指从喙尖至尾端的直线长度。雌雄体长差异较大时，用♂代表雄鸟，♀代表雌鸟。

识别[8] 本书并未涵盖识别鸟种的所有具体细节，而是着重对识别鸟种的关键特征进行了详细描述，这样的处理方式既精炼又有效，便于读者快速识别不同的鸟种。

生境[9] 适宜鸟类生存的特定生态环境，主要是供鸟类觅食、休憩、繁殖等行为发生的场所。

习性[10] 描述该鸟种营巢环境、觅食环境、觅食方法、集群与否等行为方式。

食性[11] 主要食物特征和种类。

状态信息：成鸟、雌鸟、雄鸟、繁殖羽、非繁殖羽等信息，详见第 16 页 ‹ **鸟类生态和行为** ›

‹ 图片信息 ›

本书所选鸟种的图片包含了多种形态特征，但有些鸟种有雌雄、成幼、繁殖羽、非繁殖羽以及亚种等特征差异，考虑到便携性，本书在大量鸟类图片中选择能表现典型特征的图片来说明。

红隼滑翔飞行

黑鸢向下俯冲捕鱼

本页鸟种 | **白尾鹞、白腹鹞** 149

鸟类的身体结构

‹ 鸟类头部模式图 ›

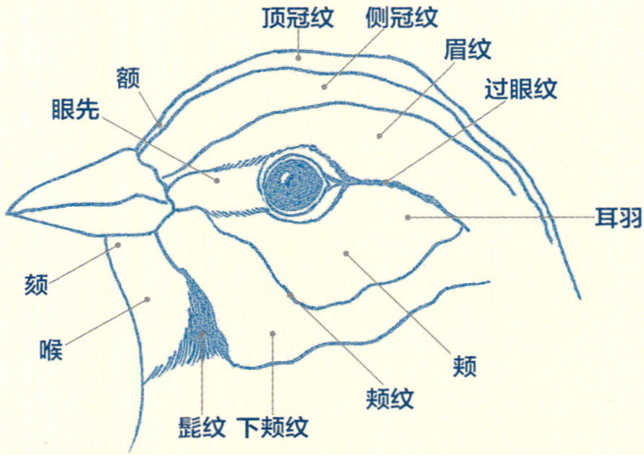

‹ 鸟类身体形态模式图 ›

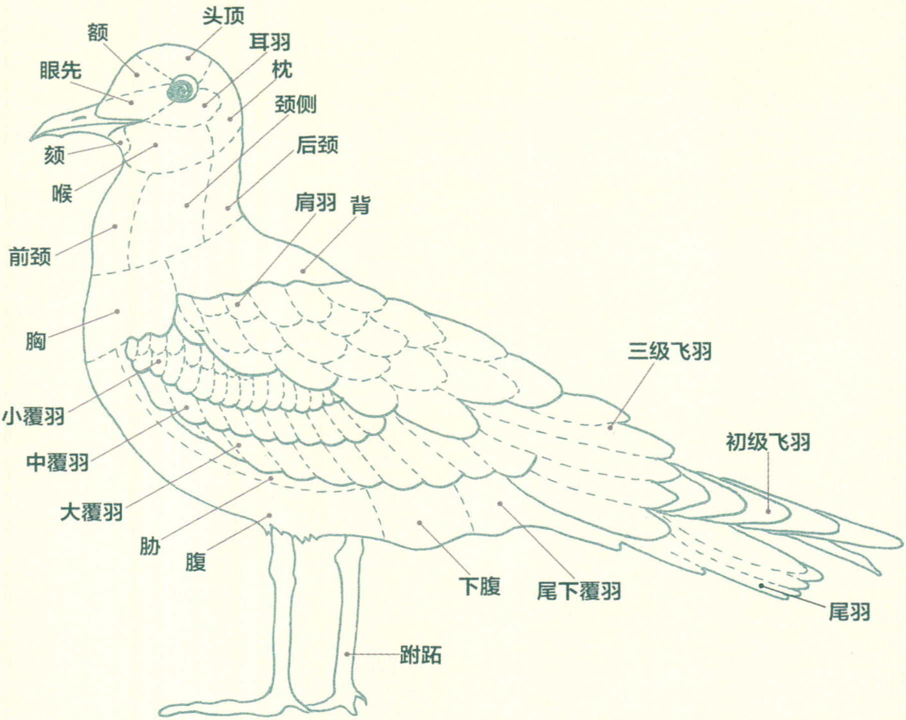

‹ 鸟类身体形态图 —— 苍鹰 ›

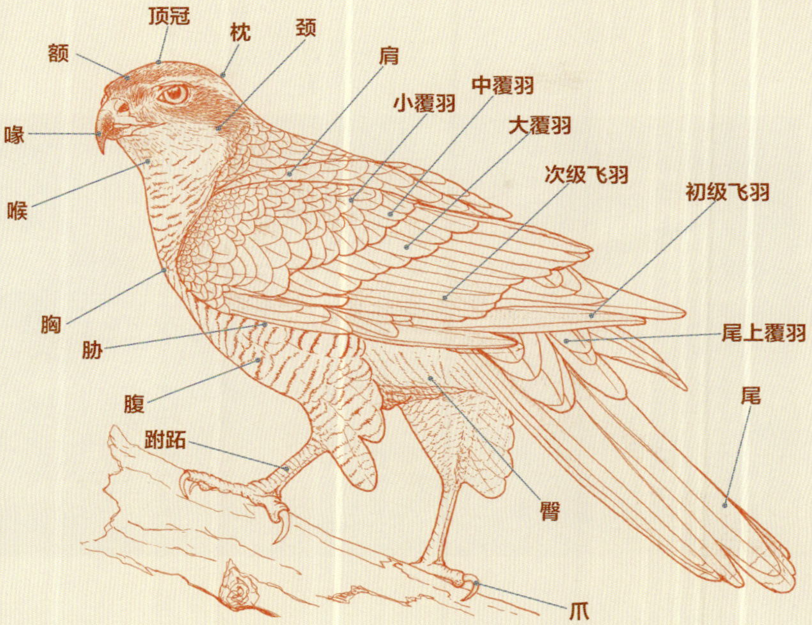

‹ 鸟类身体形态图 —— 大滨鹬 ›

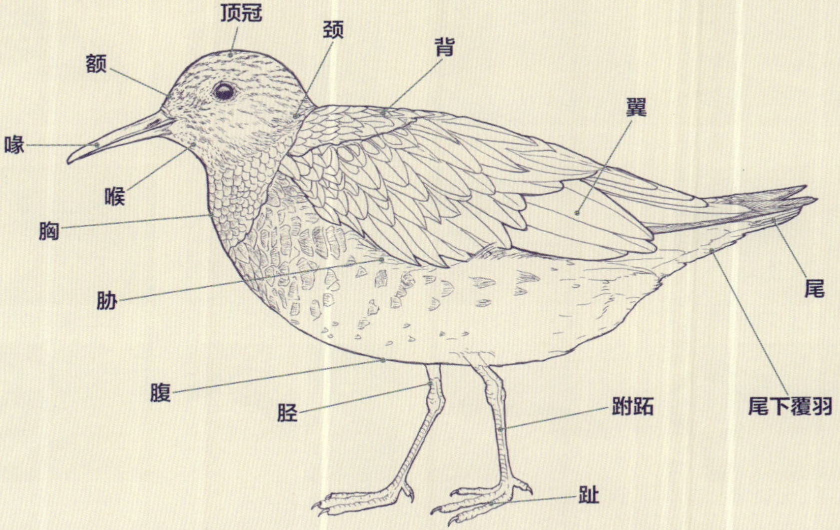

‹ 鸟类身体形态图 —— 黄腰柳莺 ›

‹ 鸟类主要喙部类型 ›

勺形喙（绿头鸭）

钩状喙（红胸秋沙鸭）

钩状喙（普通鸬鹚）

钩状喙（鹗）

钩状喙（棕背伯劳）

针状喙（凤头䴙䴘）

针状喙（草鹭）

针状喙（戴胜）

凿形喙（大斑啄木鸟）

锥形喙（珠颈斑鸠）

锥形喙（震旦鸦雀）

锥形喙（白眉鹀）

‹ 鸟类翅膀形态图 ›

翼上

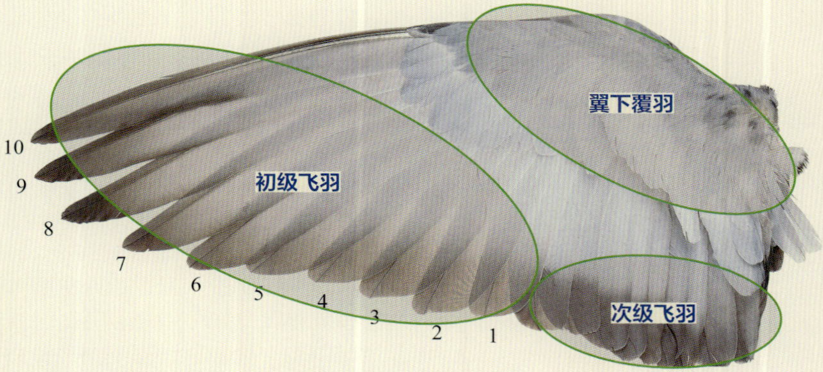

翼下

常用专业术语

‹ 鸟类生态和行为 ›

留鸟 终年停留在同一个地区，不进行季节性迁徙的鸟。

候鸟 一年中随着季节变化，定期沿着相对稳定的迁徙路线，在繁殖地和越冬地之间作远距离迁徙的鸟类。

夏候鸟 夏季在某一地区繁殖，秋季离开繁殖地飞到南方过冬，第二年春季又返回繁殖地的鸟，对该地区来说，这类鸟称为夏候鸟。

冬候鸟 冬季在某一地区越冬，春季飞往北方繁殖，秋季又返回这一地区越冬的鸟，对该地区来说，这类鸟称为冬候鸟。

旅鸟 在繁殖地和越冬地间进行往返迁徙时，途中经过或短暂停歇于某地，但不在此地越冬也不在此地繁殖的鸟，有时也被称为“过境鸟”。

迷鸟 出现在与原分布区完全不同的区域，大幅偏离其正常的迁徙路线或分布区域，可能是迁徙过程中气候因素或缺乏经验，导致迷路的鸟。

成鸟 性成熟后拥有繁殖能力的鸟。

未成鸟 处于成鸟之前时期的鸟，包括亚成鸟和幼鸟，无繁殖能力。

亚成鸟 需要两年以上性成熟的鸟，状态在幼鸟及成鸟之间的鸟。

幼鸟 雏鸟换羽后并能飞行的鸟，雏绒羽刚换为正羽。

雏鸟 鸟类出壳后到稚羽长齐之前的鸟，全身裸露或仅背绒羽。

早成鸟 雏鸟出壳时就长满了绒羽，羽毛一干即可随亲鸟（父母）觅食和活动的鸟。

晚成鸟 雏鸟出壳时全身几乎无羽毛，眼未睁开，需要亲鸟喂食，无法离巢活动的鸟。

物种 生物分类的基本单元。有许多定义，总体包含 3 个方面：具有稳定的形态学特征；有一定的种群数量和明确的分布区；物种内个体能相互配育且后代可育。

亚种 物种下的分类单位。因分布区域的不同，出现了大小、形态等特征分化的种群，反映了物种内的多样性。

杂交个体 两个不同物种杂交产生的后代。

特有物种 仅分布在一个国家或地区，而未在其他地方出现的鸟种。

繁殖期 雌雄鸟相互求偶配对后，筑巢、产卵、孵卵和育雏的一段时期。

迁徙 鸟类作有规律的季节性地理迁移。

群集 同一种鸟类因共同觅食、玩耍、迁徙等原因形成的群体。

地区性可见 鸟类分布不连续、不规则，或仅在某些区域可见。

‹ 体羽 ›

后颈羽 位于颈后部，从耳羽下方到上背。

上背羽 位于背的上部。

肩羽 位于大臂上的覆羽，看起来像连接翼与身躯上的羽毛。

腰羽 位于背的下部。

尾羽 长在尾综骨上的正羽。尾羽中间的两根称为中央尾羽，中央尾羽两侧的尾羽称为外侧尾羽。

尾上覆羽 尾羽背部覆盖的羽毛。

尾下覆羽 尾羽下方覆盖的羽毛。

胸羽 位于喉部下方的三角区域。

胁羽 位于身体两侧。

腹羽 位于身体的中下部。

‹ 翼上羽毛 ›

初级飞羽 着生在“手部”（腕骨、掌骨和指骨）的飞羽，雀形目 9~10 根，非雀形目多达 12 根。

翼指 鸟类飞行时，最外侧数枚初级飞羽外伸突出如手指状，猛禽识别时会用到。

次级飞羽 从尺骨处长出的一些较长的飞羽，通常 9~20 根。

翼镜 次级飞羽上具有金属光泽的部分，主要用于鸭类的识别。

三级飞羽 翅内侧最靠近身体的一列飞羽。

大覆羽 一排覆盖在飞羽基部的羽毛，初级飞羽上的叫初级大覆羽，次级飞羽上的则叫大覆羽。

中覆羽 一排与大覆羽的基部重叠的羽毛。

小覆羽 从中覆羽基部到翼前缘部分重叠的小型羽毛。

‹头部羽毛›

冠羽 一条覆盖头部的连续羽毛带，如戴胜头部的头冠。

前额 从头顶到喙，位于冠羽前部。

眉纹 沿着眼部上方的头侧面的一条羽纹带。

眼先 眼睛和喙之间的一块小羽毛。

眼圈 眼周的羽毛。有时会形成不连续的眼环。

过眼纹 穿过眼睛的条状纹。

嘴须 长在喙基相对较长的须。

耳羽 外耳孔周边的羽毛。

颊 侧面从喙基向后延伸至颈部的区域。

喉 喙基部最低点向下延伸至胸部。

颏 喉的上端，喙基底部的一小点细羽。

‹其他›

饰羽 延长的独特羽毛，多用于鸟类繁殖期求偶炫耀表演。

换羽 鸟类脱落旧的羽毛并长出新的羽毛。

繁殖羽 冬末至早春所换的新羽，和繁殖密切相关的羽饰。通常比较靓丽，用于求偶炫耀，又称夏羽。

非繁殖羽 繁殖季过后所换的新羽，又称冬羽。

蚀羽 主要指雄性鸭类繁殖羽脱落后的状态。

鸟类学生僻字

鸨	bǎo	大鸨
鹎	bēi	白头鹎
塍	chéng	黑尾塍鹬
鸱	chī	鸱鸮科
鹚	cí	海鸬鹚
鸫	dōng	乌鸫
鹗	è	鹗
凫	fú	棉凫
鸪	gū	中华鹧鸪
鹳	guàn	东方白鹳
鸻	héng	金眶鸻
鹕	hú	卷羽鹈鹕
鹮	huán	彩鹮
䳭	jí	东亚石䳭
鹡	jí	白鹡鸰
鲣	jiān	鲣鸟目
鳽	jiāo	黄斑苇鳽
鹪	jiān	鹪鹩
鹫	jiù	秃鹫
鸠	jiū	珠颈斑鸠
鵙	jú	暗灰鹃鵙
鵟	kuáng	大鵟
鹂	lí	黑枕黄鹂
椋	liáng	丝光椋鸟
鹩	liáo	鹪鹩
䴕	liè	蚁䴕
鸰	líng	白鹡鸰
鹠	liú	斑头鸺鹠
鹨	liù	树鹨
鸬	lú	普通鸬鹚
鹭	lù	白鹭
鹛	méi	黑脸噪鹛
䴙	pì	小䴙䴘
鸲	qú	北红尾鸲
杓	sháo	白腰杓鹬
䴓	shī	普通䴓
隼	sǔn	红隼
鹈	tí	卷羽鹈鹕
䴘	tī	小䴙䴘
鹟	wēng	棕脸鹟莺
鹀	wú	灰头鹀
鹇	xián	白鹇
鸮	xiāo	红角鸮
鸺	xiū	斑头鸺鹠
鸯	yāng	鸳鸯
鹞	yào	白尾鹞
鹬	yù	林鹬
鸢	yuān	黑翅鸢
鸳	yuān	鸳鸯
鹧	zhè	中华鹧鸪

鸟类的生态类型

根据鸟类的不同生态行为，将其分为两大类：**水鸟**与**陆鸟**。水鸟包括**游禽**和**涉禽**，主要栖息于水域环境。陆鸟包括**陆禽**、**猛禽**、**攀禽**、**鸣禽** 4 个类型，主要在陆地上生活和繁殖，栖息环境类型多样。

‹ 游禽 ›

游禽主要栖息于水体周边，脚趾间具蹼，擅长游泳或潜水，尾脂腺发达，能分泌大量油脂涂抹全身羽毛，使羽毛具有良好的防水性；喙型或扁或尖，适于在水中滤食或捕食鱼类。

泰州地区有 39 种游禽，主要分布于各类水域。尤其是迁徙期和越冬期，在中堡大纵湖、蜈蚣湖、兴化里下河国家湿地公园及其周边水产养殖塘、溱湖国家湿地公园、鲍老湖、凤栖湖、长江天星洲等地方会出现数量繁多的游禽，包括天鹅、鸭、潜鸭、麻鸭、鸬鹚、鸥等。

红头潜鸭（游禽）

普通鸬鹚（游禽）

游禽类群	主要特征
鸭科 	体型扁长，喙扁平，前三趾间具蹼。善游泳，有的喜潜水捕食，如潜鸭、秋沙鸭、鹊鸭等。鸭类主要为植食性，偶尔捕食小型水生动物。秋沙鸭、鹊鸭主要为肉食性。
䴙䴘科 	体型短圆，颈细长，趾具瓣蹼，体态似鸭，但喙较细直而尖。善游泳和潜水，捕食鱼、虾和水生昆虫等水生动物。
鸬鹚科 	体型较修长，体羽黑色。喙长，呈圆锥形，上喙端部具钩，颈粗壮而长，垂直向上伸直，四趾间具全蹼，善潜水捕鱼。
鸥科 	羽色以灰色、白色为主。大致分为鸥类与燕鸥类，鸥类喙强壮，先端略向下钩曲，翼长而宽，前三趾具蹼，善游泳，多为圆尾；燕鸥体态修长，喙直、尖，多为叉形尾。

‹ 涉禽 ›

涉禽主要在浅水区域活动，具有“喙长、颈长、脚长”等特点，适于涉水行走觅食，趾间蹼膜退化，导致其不善于或不会游泳。

泰州地区有 72 种涉禽，主要分布于各类湿地和水域公园。鹭类中除了苇鳽喜在挺水植物浓密的水域栖息和筑巢外，其他多在江河边、养殖塘、水稻田、池塘等各类湿地觅食，并在附近林地的冠层筑巢，分布广泛。鸻类多喜草地、荒地，也见于江滩、藕塘、水产养殖塘，鹬类多喜泥滩地、浅水湿地。冬季兴化里下河国家湿地公园及其周边休渔期的水产养殖塘有东方白鹳和大批鸻鹬类在此栖息越冬，2024 年 4 月在兴化冷家村一处电力铁塔上首次发现一对东方白鹳筑巢并成功繁殖 4 只幼鸟。

白鹭（涉禽）

黑翅长脚鹬（涉禽）

涉禽类群		主要特征
蛎鹬科		中国仅有 1 种，即蛎鹬，具显著的黑白色羽毛、红眼和粉腿。喙直而粗长，为橘红色。喜食贝类、牡蛎等双壳类动物。
反嘴鹬科		中国仅有 2 属 2 种，即反嘴鹬与黑翅长脚鹬。腿非常修长，喙细长而直或向上翘，体羽多为黑白两色。喜在浅水中觅食，以甲壳类、昆虫、软体动物为食。
鸻科		体型通常较小，显短胖，一般具“头大、眼大、颈短、喙短”等特征。科内麦鸡与斑鸻比较特殊，体型大且较修长。主要以昆虫、甲壳类、软体动物等小型无脊椎动物为食。
燕鸻科		中国仅有 1 属 4 种，泰州可见到 1 种，即普通燕鸻。飞行姿态似燕子，翼长而尖，尾叉形，喙短而略下弯。喜捕食昆虫。
水雉科		中国仅有 2 属 2 种，泰州可见到 1 种，即水雉。体态似秧鸡，腿与趾特长，行走于浮水植物上觅食昆虫或其他小型水生动物。
彩鹬科		中国仅有 1 种，即彩鹬。喙前端膨大并略向下弯，翼短圆，尾较短。雌鸟体型比雄鸟大，体色更艳丽。喜在沼泽型湿地或稻田活动，以小型无脊椎动物为食。
鹬科		相比鸻类，鹬类具“喙长、腿长、颈长、眼小”等特征。随取食方式不同，喙形多样，大多喜欢靠喙的触觉探寻食物，也有用视觉觅食的，主要以无脊椎动物为食。
鹳科		具“喙长、颈长、翼长、腿长”等特征，喙长直、粗厚，往尖端逐渐变细。常喜在沼泽湿地活动，捕食鱼、虾、蛙、昆虫等动物。
鹮科		中国有 5 属 6 种，包括鹮和琵鹭。喙长，鹮的喙向下弯曲，琵鹭的喙扁平，前端如匙状。体态似鹭，但飞翔时颈向前伸直。常在水中探食鱼虾等水生生物。
鹭科		具“喙长、颈长、翼长、腿长”等特征，喙长直而尖。喜在水边活动，常长时间静静地站在浅水处不动等待食物，以鱼类、两栖类、甲壳类、爬行类动物为食。
秧鸡科		体短、较肥胖，喙似鸡，短而强。尾短而上翘，腿及趾细长，有的趾上具瓣蹼而善游泳，如白骨顶。杂食性，以植物嫩芽、种子、昆虫、鱼虾为食。
鹤科		头顶常具红色裸皮，颈、腿甚长，喙长而直。体态似鹭，但后趾高位，不能抓握，所以不树栖。喜食植物茎叶、种子，也吃小型动物。

‹ 陆禽 ›

陆禽的后肢强健有力，适于地面奔走；喙强壮，多为弓形，适于地面啄食。斑鸠虽善于飞翔，但主要在地面觅食，也归为陆禽。

泰州地区有 5 种陆禽，全境可见。珠颈斑鸠、山斑鸠在城市公园、小区、农耕地、村庄、多树地区全年均可见。火斑鸠为夏候鸟，多见于林地，夏季常见于鲍老湖森林公园内。鹌鹑多隐蔽在草丛中。环颈雉在林地、农田、荒地都有活动，属于常见陆禽。

珠颈斑鸠（陆禽）

环颈雉（陆禽）

陆禽类群		主要特征
鸠鸽科		体型较肥胖，头小，喙短，基部具蜡膜。翼较尖长，飞行能力强。脚短而壮，大多喜在地面行走觅食，喜食植物种子、果实、嫩芽，也吃小型无脊椎动物。
雉科		喙厚而呈弓形，脚强健，善于行走并啄食植物种子或掘地觅食小型动物等；两翼短圆，尾羽多较发达，多数种类不善飞行，主要在地面取食。

‹ 猛禽 ›

猛禽的喙、爪锐利带钩、强壮有力，能有效地抓捕和撕扯猎物；两翼宽大，飞翔能力强，属掠食性鸟类，位于食物链顶端，涵盖了鹰形目、隼形目和鸮形目的鸟类。

泰州地区有 29 种猛禽，最常见的有凤头鹰、红隼，有时可见于城市公园和村庄林地。黑翅鸢多见于林缘和疏林地。长江春江湿地公园、天星洲、兴化里下河湿地可见一些猛禽活动。短耳鸮一般栖息于荒地草丛中，近几年少见了。

红隼（猛禽）

凤头蜂鹰（猛禽）

猛禽类群	主要特征
鹗科	全世界仅有 1 属 1 种，广布种。主要以鱼类为食，又名“鱼鹰”。趾上布满刺状鳞，适合抓鱼。栖于湖泊、河流、海岸等地，用盘旋和急降的方式捕食，善潜水捕鱼。
鹰科	喙强壮，尖端弯曲成钩状，基部具蜡膜。脚、趾强壮而粗大，具爪钩，利于撕扯和捕抓猎物；两翼宽大，外侧初级飞羽外突形成翼指，适于在空中翱翔。
隼科	相较鹰科，属中小型猛禽。虹膜多为深色，喙短而强壮带钩，鼻孔圆形。两翼尖长，飞行速度快，利用速度捕食，外侧初级飞羽翼指不明显。尾较长，多为圆尾或楔尾。
草鸮科	中国仅有 2 属 3 种。头骨狭长，宽不及长的 2/3，面盘完整，下方变狭，呈心脏形，脚较长，中爪具栉缘，夜行性，多以小型动物为食。
鸱鸮科	大多具面盘，有的具耳状簇羽，具钩嘴、利爪，喙基有蜡膜，眼大，脚短而壮，为转趾型，两翼宽而稍圆。多为夜行性，靠视觉和听觉捕猎，多以小型动物为食。

‹ 攀禽 ›

攀禽的脚相对较短，趾型多样，适于攀援或在树上停栖，类群中有对趾足（第一、第四趾向后，第二、第三趾向前）的啄木鸟，有并趾足（向前的三趾基部有不同程度愈合）的翠鸟，有前趾足（四趾均向前）的雨燕，大多不便下地活动。

泰州地区有 20 种攀禽。因种而异，分布在不同的生境。翠鸟、斑鱼狗以捕食鱼虾为主，一般栖息在近水的树干或电线上。啄木鸟以捕食昆虫为主，多栖息在林地。杜鹃为夏候鸟，营巢寄生，多集中在有东方大苇莺、棕头鸦雀繁殖的芦苇丛地带以及城市公园中有鸦科鸟类繁殖的地方。

中杜鹃（攀禽）

大斑啄木鸟（攀禽）

戴胜（攀禽）

普通翠鸟（攀禽）

攀禽类群	主要特征
夜鹰科 	头扁平，喙极短，嘴裂宽阔，嘴须长，鼻呈管状。体色斑驳似猫头鹰。两翼尖长，善空中捕食昆虫。腿短，脚短，为并趾型。
雨燕科 	体似燕，但两翼更尖长，尾较短，以平尾和叉尾为主，喙短宽，嘴裂大，善飞行，主要在空中飞翔。脚短弱为前趾足，可攀附于崖壁上。
杜鹃科 	两翼尖长，飞行姿态似猛禽。喙较长且略下弯，脚短，对趾足，尾长。多以昆虫为食。多数种类具巢寄生行为，具迁徙性。
翠鸟科 	喙粗长，脚短弱，为并趾足，翼短圆，常作快速直线飞行及悬停。发现猎物急速冲入水中捕食鱼虾等水生生物。
佛法僧科 	喙较粗短开阔，头大而颈短，两翼宽且长，尾多为平尾，常在林中捕食昆虫。
戴胜科 	喙细长而下弯，头顶具扇形冠羽，为并趾足，主要取食昆虫和蠕虫。喜在开阔地利用长喙在土中戳食小型无脊椎动物。
啄木鸟科 	喙长呈锥状，脚短而壮，为对趾足，爪尖锐，尾多为楔尾或平尾，尾羽羽轴坚硬可支撑身体，善于攀援及凿树觅食昆虫。

‹ 鸣禽 ›

鸣禽的鸣叫器官——鸣肌和鸣管发达，善于鸣叫，形态极为多样，巧于筑巢，繁殖行为复杂多变，雏鸟均为晚成鸟，需在巢中由亲鸟哺育才能正常发育。鸣禽种类繁多，是我们日常生活中常见的鸟类，几乎所有的雀形目鸟类都属于鸣禽，占据了中国鸟种数的一半以上。

泰州地区有 125 种鸣禽，全市各地均有许多种类分布。麻雀、灰喜鹊、喜鹊、乌鸫、燕子等喜欢伴人而居，常在居民区附近筑巢繁殖。震旦鸦雀极度依赖芦苇湿地，生性好奇，喜爬到苇秆顶端鸣叫、张望，近几年在长江江滩、里下河国家湿地公园、乌巾荡湿地公园、大纵湖等有大片芦苇湿地的地方越来越常见。黄胸鹀迁徙期在农田、芦苇丛、荒地可见，兴化平旺湖芦苇丛、高港农田、靖江马洲岛均出现过。鹀类多为冬候鸟，冬季在林缘、灌木丛、芦苇丛、农田等常见。

鸣禽类群	主要特征
山椒鸟科 	喙短而粗壮，略带钩。两翼尖长，善飞行，脚短弱，多为树栖性。主要以昆虫为食。
伯劳科 	喙粗壮，先端具钩，嘴须发达。尾长，脚强健且趾有利爪。性凶猛，捕食昆虫、蛙、蜥蜴等小动物。

麻雀（鸣禽）

北红尾鸲（鸣禽）

乌鸫（鸣禽）

棕背伯劳（鸣禽）

家燕（鸣禽）

极北柳莺（鸣禽）

鸣禽类群		主要特征
卷尾科		体羽以黑色、灰色为主。喙强壮，先端稍弯且具钩，嘴须较发达，翼形尖长，尾深叉，飞行快速灵活，树栖性，喜食昆虫。
八色鸫科		喙强壮，颈短粗，体圆胖，脚长且强健，具 4 趾，3 趾在前，1 趾向后。尾极短，翼短圆。颜色多艳丽，常在树林及灌木丛下的地面活动，捕食蚯蚓、昆虫。

鸣禽类群	主要特征
百灵科 	喙细长或粗厚，呈锥状。头多具羽冠，鸣叫时常竖起来。翼尖长，善飞行，尾羽中等长，大多后爪发达。常在河滩、农田和草地活动，以昆虫为食，冬季也吃植物的种子。
黄鹂科 	中国有 1 属 7 种，泰州只有 1 种。喙粗壮，翼尖长，善飞行，尾羽中等长，多为圆尾，脚强健，树栖性。常在阔叶林活动，主要捕食昆虫，亦取食植物的种子及果实。
王鹟科 	喙宽阔，翼宽阔，善飞行，尾中等长，多为平尾，部分种类中央尾羽特别长。常在阔叶林的植被中下层活动，以昆虫为食。
鸦科 	喙粗壮，呈圆锥形，尖端略带钩。两翼短圆，脚强健，大多树栖。喜群居，智力高。食性杂，多取食植物的种子、昆虫、小型动物等，有些亦捡食人类垃圾。
太平鸟科 	喙短而略宽，具冠羽及明显的黑色过眼纹。两翼尖长，善飞行，具有迁徙习性，常在林地活动，冬季有时集大群活动。主要以植物的果实、种子、嫩芽和昆虫为食。
攀雀科 	中国仅 1 属 3 种。喙尖细，呈尖锥状，体羽以灰色、黄色和红褐色为主。脚强健，树栖性，善攀援，常活动于开阔区域附近的林地、芦苇地和灌木丛，主要捕食昆虫。
山雀科 	喙端尖、有力，呈锥状。两翼宽圆，尾多为方尾。脚强健，性活跃，常在枝头跳跃或攀悬在枝头。主要以昆虫、植物的种子和果实为食。
长尾山雀科 	喙短而粗厚，身形较小，两翼短圆，脚略强健，尾较长，方尾或圆尾，常在林地及林缘灌木丛活动，性活跃，常成小群。以昆虫为食，也吃少量植物的种子、果实。
鹎科 	喙形多样，长短不一。两翼多短圆，尾较长，呈方尾或圆尾。主要以昆虫、植物果实为食。
燕科 	喙短而扁，基部宽阔，翼狭长，善飞行，尾多为叉状或短叉状。脚短弱，适于在空中疾飞掠食昆虫。
鹪鹩科 	中国仅 1 属 1 种。喙尖细，无嘴须，翼短圆，短尾常上翘，脚强健而善跳跃。常单独在地面活动，以昆虫为食。
树莺科 	体纤细瘦小。两翼尖长，善飞行，尾长短不一。脚强健，性活跃，喜在树丛、灌木丛中跳动，鸣声多变，主要以昆虫为食。
柳莺科 	体纤细瘦小。喙纤细，两翼短圆至尖长，主要通过羽色和鸣声识别。性活跃，喜在树丛及灌木丛中跳动，主要以昆虫为食。
苇莺科 	体较其他莺类略大。喙强壮、尖细，两翼尖长，善飞行，尾较长，略呈凸尾。性活跃，喜在芦苇、树丛及灌木丛中跳动，鸣声多变，主要以昆虫为食。
扇尾莺科 	喙细长，翼短圆，脚强健而善跳跃，尾长，多为楔形。筑巢在低矮植物丛中。主要以昆虫、蜘蛛等无脊椎动物为食。

鸣禽类群	主要特征
噪鹛科 	喙尖而强壮，有的端部略下弯，两翼短圆而不善飞行，主要为留鸟。尾长，为平尾或楔尾。脚强健，善于在地面跳跃。喜集群，常鸣叫，以各种昆虫、植物的果实等为食。
鸦雀科 	喙短圆而粗厚，尾长，脚较长。喜集群，在灌木丛或芦苇丛中活动，飞行能力弱，多做短距离飞行，主要以昆虫为食，也吃植物的种子和果实。
戴菊科 	中国仅2种。体纤小，似柳莺，体羽橄榄绿色，具艳丽的橙黄色顶冠。喙基宽，翼尖长，善飞行，脚略强健。常在林间活动，喜针叶林，主要以昆虫为食。
绣眼鸟科 	体纤细瘦小，体羽以绿色为主。喙尖细，两翼短圆，善飞行，尾中等长，平尾，脚略强健。性活跃，常在树枝上活动，以昆虫、花蜜、植物的果实为食。
椋鸟科 	外形似鸫。喙尖直、强健，尾较短，呈平尾或圆尾。脚较长且强健，善步行。喜集群，杂食性。
鸫科 	喙强健适中，翼多长而尖，尾为平尾或圆尾，脚长且强健，多善在地面快走，主要以昆虫为食，冬季偏植食性。
鹟科 	喙扁平，基部较宽，嘴须发达，两翼多尖长，善飞行。尾羽或长或短，形状多样。体羽多为灰褐色、蓝色和黑色。主要为食虫性。
雀科 	喙尖短而粗壮，似圆锥形，两翼狭长，飞行能力强。尾中等长，平尾或略凹，脚较短，多以植物的种子、果实和嫩芽为食，亦食昆虫。
梅花雀科 	喙似雀科，但更粗壮，呈尖锥形。两翼尖长，善飞行。尾中等长，多为平尾或圆尾。多栖于草丛、灌木丛、苇丛和林缘，主要以草籽、谷物、植物的果实为食。
鹡鸰科 	体纤细，喙较细长，脚亦细长，适于在地面快步行走捕食昆虫。尾细长，常上下或左右摆动。
燕雀科 	体色较鲜艳，喙形似雀，端尖且粗厚。两翼较狭长，飞行能力强。脚强健，尾中等长，凹尾。多栖于森林、灌木丛、农田，主要以草籽、谷物和植物的果实为食。
鹀科 	喙短圆呈锥状，且上下喙咬合缘向上弯曲，有缝隙，两翼较尖长，飞行能力强，尾较长，外侧尾羽多白色。以植物的种子、果实为食，也吃昆虫。
铁爪鹀科 	中国仅2属2种，江苏仅1种。喙尖短似鹀，后爪长且近乎直，约等或长于后趾，多栖息在开阔环境，常在林下灌木丛、农田和草地活动，以植物的种子为食，也吃昆虫。

观鸟前的准备

为了确保在大自然中安全、有效地观察野生鸟类，在观鸟前须进行周密的准备。首先是携带必要的鸟类观察装备，以便更好地记录与观察。其次为确保个人安全，还需采取相应的防护措施。在前往观察地点之前，制定详尽的交通攻略。此外，为提升观察效果，建议提前预习可能遇见的鸟种，以便更好地辨识与了解。

鸟类观察装备：望远镜、图鉴、笔记本等。

服装：户外运动装，服装应贴近环境颜色，如绿色、黑色、咖啡色等，避免过于鲜艳。

防护装备：帽子、防晒霜、雨具、驱蚊液等。

带上便携背包，装上饮用水等物品，尽量轻装出门。

笔记本及笔

望远镜①

鸟类图鉴

雨具

遮阳帽

通讯工具

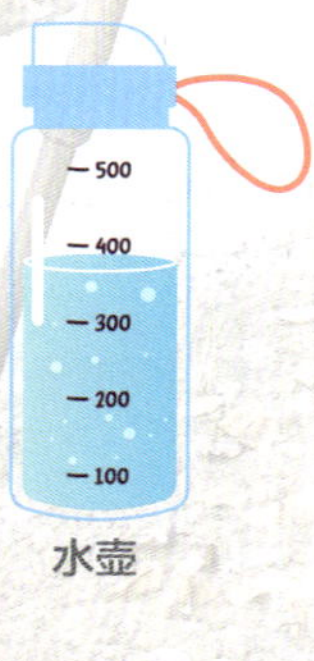

水壶

驱蚊液②

①望远镜：推荐放大倍率为8~10倍，物镜直径为32~42 mm。

②驱蚊液：首推物理防御，如面罩、长袖长裤。如使用驱蚊液，首推含避蚊胺或驱蚊酯的涂抹型产品。

近距离观鸟
推荐使用双筒望远镜
防风型
遮阳帽
远距离观鸟
推荐使用单筒望远镜
轻便型（夏秋）
或保暖型（春冬）
快干舒适的长袖
拍摄鸟类可使用具
长焦功能的相机
轻便型（夏秋）或
保暖型（春冬）快
干舒适的长裤

观鸟装备

‹ 双筒望远镜 ›

基本参数：望远镜通常会写有两个数字相乘的参数，如 8×32 或 10×42。其中，前面的数字代表望远镜的放大倍率，即物像被放大的倍数；后面的数字代表物镜的直径（单位均为 mm，物镜是指面向被观察物体一方的镜片）。

关于望远镜的放大倍率，并非倍数越高越好，因为随着放大倍率的提高，观测的视角会相应缩小，且容易因手持时轻微地抖动而降低观测效果。对于相同的光学系统而言，物镜直径越大，望远镜的视角和分辨率会越高，成像则更加明亮清晰。

对于观鸟爱好者，推荐使用放大倍率为 8~10 倍，物镜直径为 32~42 mm 的望远镜。此外，望远镜的“视角”参数也是一个重要的考量因素，该参数数值越大，表示观测者看到的范围越广，一般而言，视角参数达到 6.0 及以上即可视为较好。

便携性：望远镜的便携性，体现在其重量和体积。望远镜的重量和体积随着物镜直径的增大而增加。对于儿童用户，我们推荐选择重量在 500 g 以下且物镜直径在 32 mm 或以下的望远镜，以确保便携性和易操作性。此外，望远镜的体积亦不宜过大，以避免儿童用户因手小而无法稳定握持，同时要确保手指能够轻松触及调焦旋钮。

双筒望远镜

‹ 单筒望远镜 ›

在观测距离较远且不爱移动的鸟时，单筒望远镜将展现其独特作用。此外，利用转接环将手机与望远镜连接，可实现便捷摄影功能。推荐放大倍数 25~60 倍，物镜直径 50~90 mm 的望远镜。与双筒望远镜一样，过高的放大倍率可能导致成像质量下降，并使视野范围变得狭窄。此外，为确保图像的稳定性，建议搭配一款性能优越的三脚架进行使用。

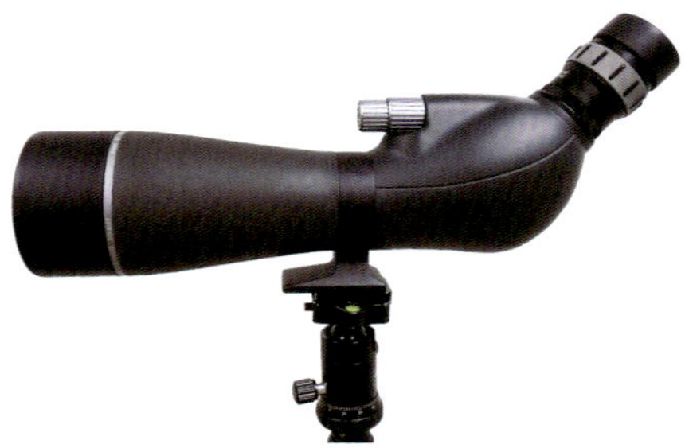

单筒望远镜

‹ 相机及镜头 ›

若您对鸟类生态摄影有浓厚兴趣，建议您选用配备单反或微单相机及焦段在 300 mm 以上的长焦镜头，以确保获得好的成像效果。

长焦相机

‹ 鸟类图鉴 ›

好的鸟类图鉴手册能清晰地展现鸟类的显著特征，为鸟类识别提供最直接的信息，极大地便利了在野外的快速查找与核对工作。

推荐的其他鸟类图鉴

《中国鸟类观察手册》（刘阳、陈水华主编）
《中国鸟类野外手册》（约翰 · 马敬能编著）
《中国鸟类图鉴》（赵欣如主编）
《江苏鸟类》（鲁长虎主编）

特定类群的专版图鉴

《中国鸟类图鉴 鸻鹬版》（章麟、张明主编）
《中国鸟类图鉴 猛禽版》（宋晔、闻丞主编）
《中国鸟类图鉴 鸥版》（章麟、陈学军主编）
《鸭类识别图鉴》（氏原巨雄、氏原道昭著）

鸟类记录分布查询书籍

《中国鸟类分类与分布名录》（第四版）（郑光美主编）

鉴于鸟类的多样性和个体间的差异，每种图鉴手册对鸟类的介绍和解读方式存在差异，最好多参考几本，更重要的是需通过大量的野外实践和观鸟经验的积累来提高观鸟技能。

‹ 观鸟网站 ›

★中国观鸟记录中心

网址：www.birdreport.cn

这个网站集合了我国各地的观鸟记录，观鸟爱好者可以自己上传。去一个鸟点观鸟时提前查阅当地观鸟记录并做预习，会使观鸟更高效。

‹ 观鸟小程序 ›

懂鸟：鸟类图片与鸣声识别，覆盖全球包括中国鸟类一万种以上，并提供浏览搜索鸟种资料、高清大图、鸟鸣播放、分类详情等。观鸟拍鸟必备工具。

中国观鸟记录中心：基于中国观鸟记录中心开发，采用最方便快捷的录入模式，数据上传后直接进入记录中心，为用户提供更为精确可靠的鸟种数据信息。

‹ 记录本 ›

使用记录本随时记录观鸟时的相关信息。遇到不确定的鸟种时，可利用笔记本详细记录观察到的鸟类特征，或绘制一个简单的草图并标注其特征，这样便于日后借助鸟类图鉴核对鸟种，从而提升识别不同鸟种的能力。进行鸟类研究时，可以根据研究目标预先设计好野外调查表格，以便系统地收集相关信息。

在观鸟时，最好养成随时记录鸟类种类、数量、地点、生境、时间等基础信息的习惯。可通过中国观鸟记录中心上传数据。这不仅有助于深化对鸟类的认识，还能为鸟类研究提供宝贵的数据支持。

‹ 鸟类环志观察与报告 ›

鸟类环志就是专门制作的鸟环，佩戴到鸟类身体的特定部位，使鸟类带上特定标记，便于对鸟类进行研究和记录，主要有金属脚环、彩色标记（腿部彩色旗标及腿、颈、鼻和翅上的彩环环志）、无线电遥测及卫星追踪器。水鸟环志经常使用彩色塑料旗标，不同个体的脚环上有不同的编号和颜色组合。观鸟者可将观察到的旗标信息（包括旗标上的编号和颜色组合、观察到的具体地点和生境状况)积极提供给全国鸟类环志中心，这些信息非常宝贵，可助力候鸟迁徙的科学研究。报告环志信息：

邮箱：nbbc@caf.ac.cn；bird.hz@caf.ac.cn

电话：010-62889530

水鸟是指主要栖息于湿地和海洋生境的鸟，且在某一生活史阶段依赖于水域湿地，在形态和行为上对湿地形成特异性适应的鸟类。水鸟包括游禽和涉禽 2 个生态类型。

游禽：脚趾间具蹼，擅长游泳或潜水的鸟类，尾脂腺发达，能分泌大量油脂涂抹全身羽毛，使羽毛具有良好的防水性；喙型或扁或尖，适于在水中滤食或捕食鱼类。

涉禽：具“喙长、颈长、腿长”等特点，适于涉水行走觅食，趾间蹼膜退化，导致其不善于或不会游泳。

根据现有记录，泰州地区有游禽 39 种、涉禽 72 种，共计水鸟 111 种。

绿翅鸭 杨勇 摄

Anser albifrons

白额雁

White-fronted Goose

居留型：冬候鸟 / 旅鸟
常见度：★
级　别：国二、LC

1	2	3	4	5	6	7	8	9	10	11	12

两型：雌雄相似　　**体长：**65 ~ 85 cm

识别：整体灰褐色，喙粉红色，前额白色，脚橙黄色。头、颈褐色，上体灰褐色具皮黄色横纹。胸、腹部灰白色，腹部具黑褐色斑纹。

生境：栖于湖泊、水库、水塘、海岸及附近开阔的草地、沼泽和农田。

习性：常集小群活动，常与其他大型雁类混群生活，性喜安静。

食性：主要取食植物的根芽、幼嫩组织以及种子。

Anser anser

灰雁

Graylag Goose

居留型：冬候鸟 / 旅鸟
常见度：★
级　别：三有、LC

1	2	3	4	5	6	7	8	9	10	11	12

两型：雌雄相似　　**体长：**76 ~ 89 cm

识别：整体灰褐色，喙粉红色或橙色，脚粉红色，虹膜黑褐色。头、胸和腹部颜色较浅，腹部一般无黑斑，臀及尾下覆羽白色，背部羽毛具白色细条纹。

生境：栖于水草丰富的湖泊、水库、海岸沼泽、草地和农田。

习性：常集群活动，常与其他大型雁类混群生活，警惕性高，性喜安静。

食性：主要取食植物的根芽、幼嫩组织以及种子。

卡利得　摄

●白额雁、小白额雁、灰雁的辨识

鸟种	眼圈	喙	额基部	腹部	脚
白额雁	无金色眼圈	较小白额雁长	有白色斑块	有黑色斑块，黑斑比小白额雁的更大	橘黄色
小白额雁	具金色眼圈	较白额雁短	有白色斑块	有黑色斑块，黑斑较小	橘黄色
灰雁	无金色眼圈	喙较白额雁粗长	无白斑	通常无黑斑	粉红色

白额雁头部

小白额雁头部

灰雁头部

成鸟

飞行的鸟

成鸟

飞行的鸟群

水鸟各不相同的蹼

许多鸟类能够在水中自由地游泳甚至潜水，这和它们拥有的形状各异的脚蹼密不可分，蹼为鸟类脚趾之间的一层薄膜，它们在游泳和潜水时，双腿直伸到尾后划动，犹如船桨一样，为鸟类前进提供动力。我们通常将蹼足分为以下几类：

半蹼足： 蹼几乎退化，仅于趾间基部留存，如鹭类、鹬类等，它们不能游泳或无法长时间浮水。**蹼足：** 前三趾间具发达的蹼相连，如雁鸭类、潜鸟类等。**全蹼足：** 四趾间均有发达的蹼相连，如鸬鹚、鹈鹕、鲣鸟等。**凹蹼足：** 蹼不甚发达，中间内凹，如鸥类等。**瓣蹼：** 前三趾的两侧具不连贯的叶状瓣蹼，如䴙䴘、秧鸡科的白骨顶、鹬科的红颈瓣蹼鹬等。

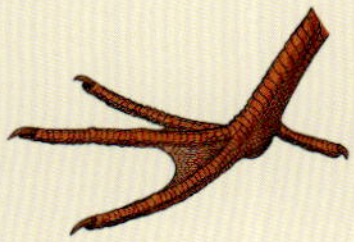
半蹼足

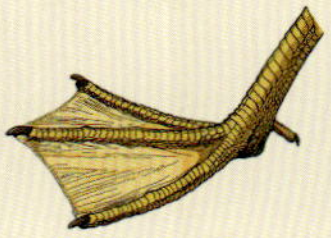
蹼足

全蹼足

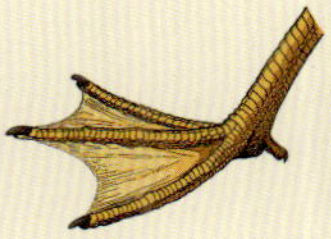
凹蹼足

瓣蹼

Anser cygnoides

鸿雁

Swan Goose

居留型：冬候鸟 / 旅鸟
常见度：★
级　别：国二、EN

1	**2**	3	4	5	6	7	8	9	**10**	**11**	**12**

两型：雌雄相似　　**体长：**80～95 cm

识别：整体灰褐色，喙黑色，较长且粗壮，脚橙黄色。喙与额之间有一条棕白色细纹，头顶至后颈到上背栗褐色，下颊和前颈近白色。上体灰褐色具白色横纹，臀及尾下覆羽白色。

生境：栖于农田、湖泊、河口和沿海滩涂。

习性：常集群活动，常与其他大型雁类混群生活，性喜安静。飞行时颈向前伸，脚贴在腹下，队伍排列整齐呈“一”字形或“人”字形。

食性：主要取食植物的根芽、幼嫩组织以及种子，也吃甲壳类和软体动物。

Anser fabalis

豆雁

Bean Goose

居留型：冬候鸟
常见度：★★
级　别：三有、LC

1	**2**	3	4	5	6	7	8	9	10	**11**	**12**

两型：雌雄相似　　**体长：**71～89 cm

识别：整体深灰褐色，喙黑色，近端处橙色，脚橙黄色。尾下覆羽白色，上体具较细的皮黄色横斑，胸和腹颜色较浅，两胁颜色较深具浅色横纹。

生境：栖于荒野、湿地、沿江滩涂和农田。

习性：常集群活动，常与其他大型雁类混群生活，性喜安静。飞行时由一只有经验的领头雁领队飞行，队形呈“人”字形，有时变为“一”字形。

食性：主要取食植物的根芽、幼嫩组织以及种子。

●难以区分的豆雁与短嘴豆雁

《中国鸟类分类与分布名录》(第三版)(2017)中，将豆雁的 *rossicus* 亚种和 *serrirostris* 亚种提升为种，取名短嘴豆雁。野外两者差异较小，也会有杂交现象存在，面对不典型的个体很难分辨。总体上，短嘴豆雁的体型略小于豆雁，喙较短且厚，而豆雁的喙较长；短嘴豆雁颈短，豆雁颈长。

豆雁是大型雁类，原有 6 个亚种，后来鸟类学者根据各亚种的形态特征、生态习性、繁殖地和分子遗传差异将其分为 3 个独立的种，分别是粉脚雁(*Anser brachyrhynchus*)，此种为单型种，中国没有分布；豆雁包含 3 个亚种：*fabalis*、*johanseni* 和 *middendorffi*，后 2 种中国有分布，在江苏地区越冬的是 *middendorffi* 亚种；短嘴豆雁(*Anser serrirostris*)有 2 个亚种：*serrirostris* 和 *rossicus*，中国均有分布，在江苏越冬的是 *serrirostris* 亚种。

短嘴豆雁(短嘴豆雁的喙粗短，而豆雁的喙较长；短嘴豆雁颈短，而豆雁颈较长)

成鸟

蒲川 摄

飞行的鸟群

成鸟

石俊祥 摄

飞行的鸟群

石俊祥 摄

●陪伴中国人已久的“大鹅”

中国驯化鸿雁的历史有7 000 年。气势汹汹的家鹅祖先显然不是气质优雅的天鹅，而是大名鼎鼎的“鸿雁”。

许多家鹅还保留着鸿雁的朴素体色，不过家鹅具有一个代表性的特征，那就是前额通常具高高隆起的疣突。另外，欧洲的家鹅祖先则是“灰雁”。鸿雁在中国主要繁殖于内蒙古、吉林、黑龙江，越冬于长江中下游和华东南沿海。

家鹅

Cygnus columbianus

小天鹅

Tundra Swan

居留型：冬候鸟
常见度：★★★
级　别：国二、LC

1	2	3	4	5	6	7	8	9	10	11	12

两型：雌雄相似　　**体长：**120 ~ 150 cm

识别：成鸟全身雪白，下喙黑色、上喙基部黄色斑块不超过鼻孔。幼鸟整体淡褐色，上喙基部粉色，尖端黑色。

生境：栖于水生植物丰富的湖泊、水库、沼泽、河口和宽阔河流。

习性：常集群活动，有时与大天鹅混群。

食性：主要取食植物的块茎或地下茎，亦捕食各种无脊椎动物。

孙海涛 摄

Tadorna ferruginea

赤麻鸭

Ruddy Shelduck

居留型：冬候鸟
常见度：★★
级　别：三有、LC

1	2	3	4	5	6	7	8	9	10	11	12

两型：雌雄二型　　**体长：**58 ~ 70 cm

识别：雄鸟全身栗黄色，头部颜色较淡。颈部具狭窄黑色颈环，展翼时可见翼上大块白色斑。雌鸟似雄鸟，但无黑色颈环。虹膜黑褐色，喙黑色，脚黑色。

生境：栖于河口、湖泊、河流、农田及沼泽水域。

习性：常集小群活动，最喜平原湖泊地带。

食性：主要取食植物的嫩芽、沉水植物，亦捕食小型水生动物。

蒲川 摄

Tadorna tadorna

翘鼻麻鸭

Common Shelduck

居留型：冬候鸟
常见度：★★
级　别：三有、LC

1	2	3	4	5	6	7	8	9	10	11	12

两型：雌雄二型　　**体长：**55 ~ 65 cm

识别：雄鸟头、颈、初级飞羽黑色，次级飞羽绿色泛金属光泽，前额具一隆起的红色疣状突，上背至胸具一宽的栗色环带，翼上覆羽白色。雌鸟似雄鸟，但前额疣状突不明显。虹膜深色，喙及脚均为红色。

生境：栖于沿海滩涂、河口、湖泊及其附近沼泽地带。

习性：常集群活动。

食性：主要以水生昆虫、软体动物、甲壳类、小鱼等为食，也吃藻类、植物的叶子和种子。

王铎 摄

成鸟

戴书生 摄

飞行的鸟群

孙海涛 摄

雌鸟

石俊祥 摄

戏水的鸟

徐鸿顺 摄

雄鸟

王铎 摄

飞行的鸟

朱迎春 摄

Aix galericulata

鸳鸯

Mandarin Duck

居留型： 冬候鸟
常见度： ★★
级　别： 国二、LC

1	**2**	**3**	4	5	6	7	8	9	**10**	**11**	**12**

两型： 雌雄二型　　**体长：** 41 ~ 51 cm

识别： 雄鸟羽色华丽，具宽厚的白色眉纹，颈部具栗红色丝状羽，拢翼后形成橙黄色的炫耀性“帆状饰羽”，喙红色。雌鸟整体灰褐色，具白色眼圈和眼纹，胸部和两胁密布白斑，喙灰褐色。

生境： 栖于多植被而幽静的湖泊、水塘和河流。

习性： 常成对或集小群活动。

食性： 主要取食植物的种子、根茎、嫩芽，亦食小型水生动物。

Nettapus coromandelianus

棉凫

Cotton Pygmy Goose

居留型： 夏候鸟
常见度： ★
级　别： 国二、LC

1	2	3	**4**	**5**	**6**	**7**	**8**	**9**	10	11	12

两型： 雌雄二型　　**体长：** 31 ~ 38 cm

识别： 雄鸟虹膜深红色，喙黑色，前额至头顶黑色，头侧和颈部白色，颈基部具一墨绿色颈环。背、两翼覆羽及尾深绿色，展翼时可见初级飞羽白色，端部黑色。雌鸟整体黄褐色，喙偏黄色，深色过眼纹明显，虹膜深褐色。

生境： 栖于浮水和挺水植物丰富的池塘和湖泊。

习性： 常成对或集小群活动，有时潜水。在江苏有繁殖，营巢于距水域不远的树洞里。

食性： 主要取食植物，亦食水生昆虫、软体动物、甲壳类等。

● 鸟类羽毛的类型

鸟类羽毛的类型多样，有各自的特殊功能，通常可分为 6 类，分别为正羽、廓羽、绒羽、半绒羽、纤羽和须。

正羽　由羽干及两侧斜向上平行排列的羽枝构成，羽枝上又密生羽小枝，羽小枝上生有羽小钩，将相邻的羽小枝相互连接，形成光滑、扁平的羽片。飞羽和尾羽是特化了的正羽。

廓羽　属于正羽的一种，是覆盖在鸟类身体上并保持流线型形状的羽毛，以类似瓦片状排列，末端防水并暴露在外，蓬松的基端紧贴身体。

绒羽　包括成鸟的绒羽和雏鸟的绒羽，主要起保温作用。没有羽干或羽干很短，羽枝成簇从羽柄顶部伸出，羽小枝上不具有羽小钩或很少，整根羽毛蓬松柔软。成鸟绒羽分布在正羽下面，雏鸟的绒羽为雏鸟破壳后体外所覆盖的绒羽。

半绒羽　介于正羽和绒羽之间，有羽干但羽小枝缺乏羽小钩，因而蓬松不形成羽片，一般位于正羽之下。

纤羽　羽干细长，顶端有少许羽枝及羽小枝。纤羽有触觉功能，能感知正羽的姿态以控制羽毛运动。纤羽分布在正羽和绒羽之间。

须　羽干硬而长，具触觉功能，主要生在头部嘴须、鼻须、部分鸟类眼睑边缘的一列须毛。

这些羽毛有力地保障了鸟类的飞行、保暖、求偶、隐蔽等重要功能，是鸟类身体的重要结构。

成鸟
雌鸟
雄鸟
雄鸟羽色华丽
雌鸟整体
灰褐色
石俊祥 摄

雌鸟
虹膜深褐色，深色
过眼纹明显
整体黄
褐色
朱迎春 摄

雄鸟
杨勇 摄

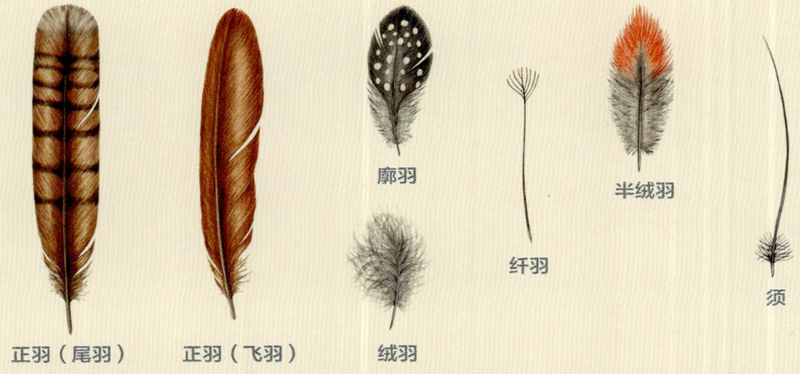
正羽（尾羽）
正羽（飞羽）
廓羽
绒羽
纤羽
半绒羽
须

Mareca falcata

罗纹鸭

Falcated Duck

居留型： 冬候鸟
常见度： ★★★
级　别： 三有、LC

1	2	3	4	5	6	7	8	9	10	11	12

两型： 雌雄二型　　**体长：** 46 ~ 54 cm

识别： 雄鸟前额至头顶及喙基侧面栗褐色，颊绿色延伸至后颈具金属光泽，喉至颈部白色，颈基部具一墨绿色颈环，尾下覆羽两侧具皮黄色斑块，灰白色的三级飞羽长而弯曲地披在背后部。雌鸟整体棕褐色，颈显短，头偏圆。喙均为黑色，飞行时翼镜墨绿色明显可见。

生境： 栖于开阔的湖泊和沼泽水域。

习性： 常与其他鸭类混群，并集成大群活动。

食性： 主要取食植物，偶尔捕食水生无脊椎动物。

Mareca penelope

赤颈鸭

Eurasian Wigeon

居留型： 冬候鸟
常见度： ★★★
级　别： 三有、LC

1	2	3	4	5	6	7	8	9	10	11	12

两型： 雌雄二型　　**体长：** 42 ~ 50 cm

识别： 雄鸟躯干整体银灰色，头、颈部栗红色，具明黄色冠羽，胸部粉红色，腹部白色，尾下覆羽黑色，两胁灰色具细密纹，飞行时可见翼上覆羽具一大块白斑。雌鸟整体暗褐色，眼周色深。

生境： 栖于湖泊、河流和水塘。

习性： 常成对或集群活动，喜在开阔水域活动。

食性： 主要取食植物的嫩叶、块茎以及种子，偶尔捕食小型无脊椎动物。

Mareca strepera

赤膀鸭

Gadwall

居留型： 冬候鸟
常见度： ★★★
级　别： 三有、LC

1	2	3	4	5	6	7	8	9	10	11	12

两型： 雌雄二型　　**体长：** 46 ~ 58 cm

识别： 雄鸟喙黑色，整体灰色并密布云状细纹，尾上和尾下覆羽黑色。雌鸟喙黄色，整体灰褐色且具黄褐色斑纹。飞行时，可见覆羽具一砖红色区域，停栖时和飞行时常可见白色翼镜。

生境： 栖于水生植物茂盛的河流、湖泊、水塘和沼泽水域。

习性： 常集群活动。繁殖期偏好富有水生植物的中小型湖泊。

食性： 主要取食水生植物叶片及嫩芽，亦食植物的种子。

雌鸟
头棕褐
喙全黑

左雌鸟右雄鸟
喉白色，颈
基部具墨绿
色颈环
卡利得 摄

雌鸟
眼周色深
喙蓝灰色，
喙尖黑色
陆信 摄

雄鸟（蚀羽）
头颈比雌
鸭更偏红
孙海涛 摄

雌鸟
头灰褐色，
具过眼纹
喙黄色，中
间黑色
两胁具鳞
状斑
陆信 摄

成鸟
覆羽具一砖
红色区域
吴建华 摄

Anas platyrhynchos
绿头鸭
Mallard

居留型： 冬候鸟 / 留鸟
常见度： ★★★★
级　别： 三有、LC

1	2	3	4	5	6	7	8	9	10	11	12

两型： 雌雄二型　　**体长：** 50 ~ 65 cm
识别： 雄鸟喙明黄色，头颈深绿色泛金属光泽，具白色颈环，胸部栗红色，尾羽白色，尾上覆羽及尾下覆羽黑色。雌鸟整体黄褐色，喙橙黄色而中央具黑色斑块，具深褐色过眼纹，两胁和上背具鳞状斑，尾羽白色。
生境： 栖于水生生物丰富的湖泊、河流、池塘等各种水域环境。
习性： 常成对或集群觅食。
食性： 主要取食水生植物的根、茎和种子，也捕食无脊椎动物。

Anas zonorhyncha
斑嘴鸭
Chinese Spot-billed Duck

居留型： 冬候鸟 / 留鸟
常见度： ★★★★
级　别： 三有、LC

1	2	3	4	5	6	7	8	9	10	11	12

两型： 雌雄相似　　**体长：** 58 ~ 63 cm
识别： 喙黑色而喙端黄色，虹膜褐色，脚橘红色。整体黄褐色，脸颊和前颈色浅，具深色过眼纹和下颊纹，头顶深褐色，眉纹皮黄色，上背和两胁具鳞状深褐色斑。
生境： 栖于河流、湖泊、水库、水塘、河口等各类水域。
习性： 越冬时喜集群生活，配对后组成松散，雌雄配对后关系维持较长时间。
食性： 主要取食水生植物的叶、嫩芽、茎，藻类以及植物的种子。

●家鸭的起源

家鸭的祖先究竟是谁呢？事实上，中国大多数本土家鸭的祖先可以追溯到绿头鸭，而另一部分家鸭则是斑嘴鸭的后代。长久以来，人类饲养这些鸭子的主要目的是获取它们的肉和蛋作为食物，或者利用它们的羽毛制作羽绒服。在人类最初开始驯养野鸭的时候，会不断地取走鸭子所下的蛋，使它们没有机会停产抱孵。随着工业化的发展，人类开始使用孵卵器来代孵鸭蛋。

绿头鸭是中国大多数本土家鸭的祖先之一

雌鸟

飞行的鸟群

雏鸟随亲鸟活动觅食

● “人”字形排列飞行的鸟类是怎么回事？

这其实是雁形目鸟类在进行季节性迁徙时偏好的飞行队形，那它们为什么要这样编队飞行呢？

首先，严格的编队飞行能使鸟之间保持适当的飞行距离，确保每只鸟都能看到前方及两边的情况，从而能够安全且快速地做出反应。

其次，编队中前方的鸟扇动翅膀会在侧后方形成一股上升气流，跟在侧后方的鸟便可借助这股气流的支持减少体力消耗，并且领头鸟的角色会由强壮的个体轮流担任。除了雁形目鸟类，其他候鸟如鸬鹚、鹤类、大型鹬类也会采用“人”字形的飞行方式。

编队飞行的小天鹅

Sibirionetta formosa

花脸鸭

Baikal Teal

居留型： 冬候鸟
常见度： ★★
级　别： 国二、LC

1	2	3	4	5	6	7	8	9	10	11	12

两型： 雌雄二型　　**体长：** 39 ~ 43 cm

识别： 雄鸟头部前半部黄色，后半部深绿色。上背和两肋蓝灰色，胸部红棕色而有暗褐色斑点，胸侧和尾基两侧各有一条竖直的白色条纹，尾下覆羽黑色。雌鸟整体偏橙褐色而具鳞状纹，喙基后方具一白色点斑，脸侧具月牙形白色斑块。

生境： 栖于水生植物茂盛的湖泊、河流和水塘。

习性： 觅食时特别活跃，常集群活动，白天常与其他鸭类混群，或漂浮于开阔水面休息。

食性： 主要取食植物，亦捕食无脊椎动物。

卡利得　摄

Spatula clypeata

琵嘴鸭

Northern Shoveler

居留型： 冬候鸟
常见度： ★★★
级　别： 三有、LC

1	2	3	4	5	6	7	8	9	10	11	12

两型： 雌雄二型　　**体长：** 44 ~ 52 cm

识别： 雄鸟喙为灰黑色，端部宽大，呈铲状，虹膜黄色，头、颈深绿色具金属光泽，胸部白色和两肋栗色对比明显。雌鸟喙橙黄色，虹膜褐色，整体黄褐色而具鳞状斑，有深色过眼纹。

生境： 栖于浅水且植被丰富的开阔湖泊、水塘、河流。

习性： 常成对或集小群活动，觅食时宽而扁的喙浸入水中，滤食水中的浮游生物。

食性： 主要捕食小型水生动物，亦取食植物。

陆信　摄

Spatula querquedula

白眉鸭

Garganey

居留型： 旅鸟
常见度： ★★
级　别： 三有、LC

1	2	3	4	5	6	7	8	9	10	11	12

两型： 雌雄二型　　**体长：** 37 ~ 41 cm

识别： 雄鸟头至胸、上背红棕色，具清晰的白色眉纹，延长至颈部，两肋灰白色具深色细纹。雌鸟整体灰褐色，头部具暗淡的白色眉纹和颊纹，体羽具白色羽缘。

生境： 栖于水生植物茂盛的湖泊、水塘、江河、沼泽等水域。

习性： 常成对或集小群活动，主要为春秋迁徙过境的候鸟。

食性： 主要取食水生植物，偶尔捕食小型水生动物。

吴建华　摄

雌鸟
喙全黑，基部后
方具白色点斑
月牙形白斑

雄鸟（蚀羽）
孙海涛 摄

雌鸟
喙橙黄色，前
端宽大
朱迎春 摄

飞行的鸟群
石俊祥 摄

雌鸟
眉纹白色，具
过眼纹
喙全黑

雄鸟

Anas acuta

针尾鸭

Northern Pintail

居留型：冬候鸟
常见度：★★★
级　别：三有、LC

1	2	3	4	5	6	7	8	9	10	11	12

两型：雌雄二型　　**体长：**50 ~ 65 cm

识别：雄鸟头和后颈巧克力色，前颈和胸白色，两胁具灰色细纹，尾羽黑色，特化为针状。雌鸟黄褐色具鳞状斑，喉和前颈颜色较淡，较其他鸭类颈显细长且尾羽较尖。

生境：栖于浅而肥沃的湖泊、河流、水塘和沼泽等水域。

习性：常集群活动，通常与其他鸭类混群，觅食时会将头伸入水中。

食性：主要取食植物，亦捕食小型水生动物。

杨勇 摄

Anas crecca

绿翅鸭

Eurasian Teal

居留型：冬候鸟
常见度：★★★
级　别：三有、LC

1	2	3	4	5	6	7	8	9	10	11	12

两型：雌雄二型　　**体长：**34 ~ 38 cm

识别：雄鸟头至颈栗棕色，眼周至颈侧具深绿色宽带。上背、两胁具黑白色相间的细纹，尾下覆羽黑色且两侧具一黄色三角形斑。雌鸟整体褐色，喙深灰色基部带黄褐色，具深色过眼纹，翼镜绿色。

生境：栖于四周植被茂密的小型湖泊、河流、沼泽、水塘和海滨等水域。

习性：常集大群活动，性胆怯而机警，常在水生植物茂盛的地方活动觅食，觅食时倒立于水面。

食性：主要取食各种植物，也捕食水生无脊椎动物。

吴建华 摄

各种雌鸭的对比

雌鸟
尾羽细长
较尖
铅灰色

左雄鸟右雌鸟

雌鸟
头褐色具过
眼纹
绿色翼镜可见，
有时被羽毛遮挡

孙海涛 摄

雄鸟

杨勇 摄

斑嘴鸭
琵嘴鸭
针尾鸭
花脸鸭
白眉鸭
绿翅鸭

Aythya nyroca

白眼潜鸭

Ferruginous Duck

居留型：冬候鸟
常见度：★
级　别：三有、NT

1	2	3	4	5	6	7	8	9	10	11	12

两型：雌雄二型　**体长：**38 ~ 42 cm
识别：成鸟上体黑褐色与两胁褐色分界较为明显。雄鸟虹膜白色，头部至胸部为显著的红褐色，蚀羽时头、胸部沾黑色，腹部和尾下覆羽白色且两者之间具一黑褐色横带。雌鸟虹膜黑褐色，羽色通常更偏暗。
生境：栖于大的湖泊、水流缓慢的河流、水塘和沼泽地带。
习性：常成对或集小群活动，善潜水觅食。
食性：取食水生植物，亦捕食软体动物、甲壳类以及水生昆虫等。

陆信 摄

Aythya baeri

青头潜鸭

Baer's Pochard

居留型：冬候鸟
常见度：★
级　别：国一、CR

1	2	3	4	5	6	7	8	9	10	11	12

两型：雌雄二型　**体长：**46 ~ 47 cm
识别：雄鸟虹膜白色，头颈部墨绿色具光泽，胸部红褐色，腹部白色区域延伸至胁部前端。蚀羽头部出现红褐色而无绿色光泽，偏黑，且延伸至胁部前端的白色区域通常不明显。雌鸟虹膜褐色，非繁殖羽头部具绿色光泽，偏黑，喙基具红褐色斑，繁殖羽头部黑褐色。
生境：喜水生植物丰富且水流平缓的河流和湖泊。
习性：常单独或集小群活动，善潜水觅食。
食性：主要取食水生植物，亦捕食软体动物、甲壳类以及水生昆虫等。

杨勇 摄

●观鸭指南

目前，全世界共有雁形目 3 科，约 170 种，包括鸭科（Anatidae）、叫鸭科（Anhimidae）、鹊雁科（Anseranatidae）。中国仅有鸭科，现已记录 58 种。鸭科鸟类的喙部扁平，先端具有嘴甲，喙缘带有栉板。它们的脚粗短，前三趾间具蹼膜，并拥有发达的尾脂腺。

鸭类非常适合作为观鸟入门的类群，因为它们体型较大，喜欢宽阔的河流、湖泊、水库等地方，非常便于观察。每年的冬季至次年的春季是鸭类迁徙、越冬的重要时节，它们会结成几十只、几百只甚至几千只的大群，种类和数量往往非常多。野鸭在中国大多属于冬候鸟，每年深秋开始，它们由北向南陆续抵达越冬地，春季又开始由南向北陆续迁往繁殖地。尤其是迁徙期，很多过境的鸭类会停留休整几天，有的甚至停留一个多月，用单筒望远镜在水面上慢慢寻找和观察往往能发现一些罕见的种类。我们从鸭类到达越冬地时开始观察直到春季离开，可以比较完整地观察到它们从非繁殖羽到繁殖羽的换羽过程，这是非常有趣的观察体验。

溱湖春季迁徙过境的罗纹鸭

雌鸟
虹膜黑褐色
头顶微耸
蒲川 摄

雄鸟
飞羽白色，
具窄的黑
色羽缘

左雌鸟右雄鸟（蚀羽）
雌鸟虹膜
褐色
蚀羽头部出现红
褐色，偏黑
蚀羽两肋褐色区
域更宽

雄鸟
白眼潜鸭
青头潜鸭
白眼潜鸭
两肋前端染白
蒲川 摄

在鲍老湖越冬的鸭类

Aythya ferina

红头潜鸭

Common Pochard

居留型： 冬候鸟
常见度： ★★★
级　别： 三有、VU

1	**2**	**3**	4	5	6	7	8	9	10	**11**	**12**

两型： 雌雄二型　　**体长：** 40 ~ 56 cm
识别： 雄鸟虹膜红色，喙基灰色，中间灰白色，尖端黑色，头、颈栗红色，胸和尾羽黑色，背和两肋灰白色，具暗色细波纹，腹部白色。雌鸟虹膜褐色，头、颈至胸部棕褐色，背和两肋灰褐色具暗色细纹。
生境： 栖于水面开阔、流速缓慢的湖泊、水库。
习性： 常集群活动，善潜水觅食，与凤头潜鸭和斑背潜鸭常混群，喜水生植物丰富的水域。
食性： 主要取食水生植物，亦捕食软体动物、甲壳类及水生昆虫等。

Aythya fuligula

凤头潜鸭

Tufted Duck

居留型： 冬候鸟
常见度： ★★
级　别： 三有、LC

1	**2**	**3**	4	5	6	7	8	9	**10**	**11**	**12**

两型： 雌雄二型　　**体长：** 40 ~ 47 cm
识别： 成鸟虹膜金黄色。雄鸟头、颈紫色具金属光泽，具长羽冠，背、胸部及尾羽黑色，两肋及腹部白色。雌鸟喙基白斑从不明显到明显，整体黑褐色，头无光泽且羽冠较短，两肋褐色有时染白。
生境： 栖于水流平缓的湖泊、河流、沼泽和水塘等水域。
习性： 常集群活动，通常与其他鸭类混群，善潜水觅食。
食性： 主要捕食螺贝类、甲壳类、水生昆虫，也取食水生植物。

●潜水鸭和浮水鸭

按照取食方式，可将鸭分为潜水鸭和浮水鸭。潜水鸭可潜入水中一段时间去觅食，浮水鸭通常浮在水面觅食，有时也会头扎进水里，尾部露出水面觅食。但这种分类并不绝对，浮水鸭偶尔也会短暂潜水觅食，潜水鸭也会在水面觅食。

外形上，浮水鸭的脚位于身体的中央位置，易于身体保持平稳，经常可见浮水鸭上岸觅食或休憩，而潜水鸭的脚一般位于身体后部，更利于身体潜入水下觅食，但不擅长陆上活动。

普通秋沙鸭（潜水鸭）

针尾鸭（浮水鸭）

鸭类浮水有妙招

鸭类主要栖息在水生植物丰富的湖泊、河流、池塘、沼泽等水域，善于游泳和潜水，作为游禽的代表，在生态系统中占据独特的生态位。鸭科鸟类为了能够在水域中活动和觅食，进化出了独特的身体构造。

首先鸭子羽毛具有复杂的微观结构，能够储存大量空气形成气囊，从而增加浮力。同时羽毛结构非常致密，能够产生巨大的表面张力，使得水分不易渗透，就像水黾能在水面上漂浮一样。其次鸭科鸟类的尾部上方有一个发达的尾脂腺，能够分泌油脂。鸭子经常用嘴巴将这些油脂涂抹在羽毛上，以达到防水的效果。再次鸭子的体型宽扁，重心低，这使它们在水中更加平稳。还有就是鸭子脚趾间具蹼，游泳时可以像船桨一样划动，帮助鸭子在水中游动。

这些特征共同作用，使鸭科鸟类能够在水中自由地游动。

鸭科鸟类羽毛结构致密，防水能力好

Bucephala clangula

鹊鸭

Common Goldeneye

居留型： 冬候鸟
常见度： ★
级　别： 三有、LC

1	**2**	3	4	5	6	7	8	9	10	11	**12**

两型： 雌雄二型　　**体长：** 40 ~ 48 cm

识别： 雄鸟喙黑色，喙基部两侧具大块椭圆形白斑，头部深绿色具金属光泽，背黑色，飞行时可见翼上大块白斑，下颈、胸及下体白色。雌鸟喙黑色而前端具黄色斑，头暗褐色，背、胸和两肋灰褐色，下颈部具白色颈环。

生境： 栖于海滨、内陆江河和湖泊，不仅在静水区，也常在水流较快的水域活动。

习性： 常单独或集小群活动，善潜水觅食。

食性： 主要捕食鱼类、水生昆虫、甲壳类等动物，也取食植物。

Mergellus albellus

斑头秋沙鸭

Smew

居留型： 冬候鸟
常见度： ★
级　别： 国二、LC

1	**2**	3	4	5	6	7	8	9	10	11	**12**

两型： 雌雄二型　　**体长：** 38 ~ 44 cm

识别： 雄鸟整体黑白两色，头、颈白色为主，眼周有黑色椭圆形斑，枕两侧具黑斑，胸两侧具黑色细纹，两肋淡灰色。雌鸟躯干整体灰褐色，眼周黑色，头顶至后颈栗棕色，两肋灰色。

生境： 栖于开阔的江河、湖泊、沼泽和池塘。

习性： 常集群活动，善潜水觅食。求偶时雄鸟冠羽立起，头后仰，在水面身体向上伸直做求偶表演。

食性： 主要捕食鱼类、水生昆虫、软体动物、甲壳类等动物，也取食植物。

●杂交鸭小知识

在自然环境中，有时会发生两种不同种的鸟类杂交，生出带有双亲特征的“混血儿”的现象，但杂交现象大多数发生在亲缘关系较近的物种之间。相对于其他鸟类，杂交鸭容易被观察到，这是因为不同种的鸭类生活领域重叠，自然杂交概率会更大，同时由于鸭类个体较大，一般栖息在开阔的水面，杂交个体也更容易被我们观察到。如“斑嘴鸭 × 绿头鸭”“赤颈鸭 × 绿眉鸭”“针尾鸭 × 绿头鸭”“绿头鸭 × 琵嘴鸭”“花脸鸭 × 罗纹鸭”“罗纹鸭 × 赤膀鸭”等，但遇到杂交个体的概率总体是非常低的。

虽然杂交个体被认为不育的，但杂交鸭的繁殖案例也并不少见。此外，亲鸟鸟种相同的杂交个体并不一定具有相同的羽饰，其显示亲本的特征会略有不同。比如“斑嘴鸭 × 绿头鸭”的不同杂交个体会呈现不同的羽饰、头部、喙或上体特征，有的羽饰似绿头鸭，喙和上体具斑嘴鸭的特征，有的羽饰似斑嘴鸭，胸部和两肋似绿头鸭的特征。我们可以通过杂交个体的羽饰特征推测亲本种类。

斑嘴鸭和绿头鸭的杂交个体

疑似针尾鸭和绿头鸭的杂交个体

针尾鸭和绿头鸭的杂交个体

Mergus merganser

普通秋沙鸭

Common Merganser

居留型： 冬候鸟
常见度： ★★
级　别： 三有、LC

1	**2**	**3**	4	5	6	7	8	9	10	11	**12**

两型： 雌雄二型　　**体长：** 58 ~ 68 cm
识别： 成鸟喙深红色，上喙更长，前端黑色且钩状明显。雄鸟头、上颈暗绿色，上背黑色，体侧纯白色。雌鸟头、上颈栗褐色，躯干整体灰白色，喉白色，与颈部栗褐色分界明显。
生境： 栖于湖泊、河流等淡水湿地。
习性： 常单独或集小群活动，善潜水觅食。巢大多营于岩石绝壁、乔木树洞。
食性： 主要捕食鱼类、甲壳类，亦食水生昆虫、软体动物等。

Mergus squamatus

中华秋沙鸭

Chinese Merganser

居留型： 旅鸟
常见度： ★
级　别： 国一、EN

1	2	**3**	4	5	6	7	8	9	10	**11**	**12**

两型： 雌雄二型　　**体长：** 52 ~ 62 cm
识别： 成鸟两肋具明显的鳞状斑，可将其与其他秋沙鸭区分。喙狭长鲜红色，尖端明黄色。雄鸟头、颈深绿色具金属光泽，具长羽冠，背黑色，胸白色。雌鸟头、颈栗褐色，羽冠较雄鸟短，上体灰褐色，胸白色。
生境： 栖于河流、湖泊和沼泽等湿地。
习性： 常单独或集小群活动，善潜水觅食。多只个体之间常有协作捕鱼的行为。
食性： 主要捕食鱼类、甲壳类，亦食水生昆虫、软体动物等。

王铎 摄

Mergus serrator

红胸秋沙鸭

Red-breasted Merganser

居留型： 冬候鸟
常见度： ★
级　别： 三有、LC

1	**2**	3	4	5	6	7	8	9	10	**11**	**12**

两型： 雌雄二型　　**体长：** 52 ~ 60 cm
识别： 成鸟喙狭长而喙端带钩，暗红色。雄鸟头和上颈墨绿色，枕后冠羽长且明显。上背黑色，下体白色，两肋具灰色细密斑纹，胸部棕红色。雌鸟头、颈栗褐色，上体、胸部和两肋棕褐色，其余下体白色。
生境： 栖于开阔水域、沿海湿地，繁殖季常见于苔原沼泽、河流和湖泊。
习性： 常单独或集小群活动，善潜水觅食。
食性： 肉食性，主要捕食各种鱼类，亦食水生昆虫、软体动物等。

雌鸟
喉白
部栗褐
和白色
界明显
躯干整体
灰白色
朱迎春 摄

飞行的鸟群
雌鸟

雌鸟
两肋具明显的
黑色鳞状斑
王铎 摄

雄鸟
蒲川 摄

雌鸟
整体棕褐色
颈部色彩分
界不明显

飞行的鸟群
雄鸟

Tachybaptus ruficollis

小鸊鷉

Little Grebe

居留型：留鸟
常见度：★★★★★
级　别：三有、LC

1	2	3	4	5	6	7	8	9	10	11	12

两型：雌雄相似　　**体长：**25 ~ 32 cm

识别：繁殖羽喙黑色，基部具黄白色斑块，头顶至上背部黑褐色，脸颊、颈侧和前颈栗红色，下体灰白色。非繁殖羽上喙黑色且边缘黄色，下喙黄色，头部和背部深灰色，颊、颈侧色浅。趾具瓣蹼。

生境：栖于浅水且水生植物茂盛的湖泊、沼泽、水塘和河流等各种水域。

习性：常单独或者成对活动，有时聚集小群。性胆怯，常频频潜水捕食。

食性：主要捕食小鱼虾、水生昆虫等。

Podiceps cristatus

凤头鸊鷉

Great Crested Grebe

居留型：冬候鸟
常见度：★★★★
级　别：三有、LC

1	2	3	4	5	6	7	8	9	10	11	12

两型：雌雄相似　　**体长：**46 ~ 51 cm

识别：繁殖羽头顶两侧具两束明显的黑色冠羽，头部后侧至喉具延长的红棕色至黑色饰羽，背部黑褐色，体侧棕褐色。非繁殖羽上体黑褐色，头顶具黑色短羽冠，脸颊、前颈、胸腹皆为白色。

生境：栖于宽阔的湖泊、水塘和人工湖。

习性：常成对或集小群活动，善游泳及潜水。繁殖期具华丽的“舞蹈”求偶仪式。主要为冬候鸟，但泰州地区也有繁殖种群。

食性：主要以各种鱼类为食，也吃昆虫及其他水生无脊椎动物。

●凤头鸊鷉的繁殖

凤头鸊鷉在江苏主要为冬候鸟，但也有繁殖种群。繁殖期一般在4—7月，主要在开阔水域营巢。凤头鸊鷉具有鸟类当中非常引人注目的求偶行为，求偶时雌鸟和雄鸟四目相对，频繁地点头和摇头，身体呈现相互呼应的动作，在这个过程中雌雄双方共同完成潜水、摇头、踩水、衔草撞胸、互赠杂草等一系列复杂而精彩的行为。

配对形成后，雌鸟和雄鸟通常选择距离水面不远的芦苇丛或水草丛共同筑巢和繁育后代，它们会利用各种水草堆积筑成漂在水面的浮巢，此后也会不间断地用水草加固或抬高浮巢，以防巢下沉浸水。孵卵工作由雌雄亲鸟轮流承担，雏鸟为早成鸟，孵出不久后即可离巢下水游泳，此后多数时间被亲鸟驮在背上，在水里四处活动。

凤头鸊鷉浮巢

凤头䴙䴘求偶（衔草撞胸）

凤头䴙䴘求偶

Phalacrocorax carbo

普通鸬鹚

Great Cormorant

居留型：冬候鸟
常见度：★★★★
级　别：三有、LC

1	2	3	4	5	6	7	8	9	10	11	12

两型：雌雄相似　　**体长：**77 ~ 94 cm

识别：整体偏黑色具绿褐色金属光泽，喙基部裂处具黄色裸皮且后方有白环。繁殖羽头、颈部饰以白色丝状羽，两胁后部具白斑。非繁殖羽头、颈无白色饰羽，胁后无白斑。幼鸟深褐色，下体染白。

生境：栖于河流、湖泊、水塘、河口等各类水域。

习性：常集群活动，垂直站立在岩石或粗枝上，善潜水捕猎，尾脂腺不发达，常需要张开翅膀晾晒。飞行时常成群排成“人”字形。

食性：主要捕食各种鱼类。

“鱼鹰”鸬鹚

江苏地区最常见的是普通鸬鹚，沿海地区还有暗绿背鸬鹚和海鸬鹚分布，属少见物种。这 3 种的主要区别：海鸬鹚眼周和喙基为红色裸皮且面积小，喙相较其他 2 种更细长；普通鸬鹚和暗绿背鸬鹚较相似，喙较厚重，喙基为黄色裸皮，脸、喉部白色，但暗绿背鸬鹚嘴裂处黄色裸皮向后延伸呈尖锐角，脸、喉的白斑比普通鸬鹚大。

鸬鹚也被称为“鱼鹰”，生活在全球各地的沿海和淡水环境中。鸬鹚以其独特的捕鱼技巧而闻名，它们善于潜水，利用钩状喙迅速捕捉鱼类和其他水生生物。鸬鹚的羽毛结构特殊，可迅速排出羽毛中的空气，减少阻碍潜水的浮力，使鸬鹚在水中更灵巧。但是这也使鸬鹚羽毛的防水性能不及雁鸭类水鸟，所以能经常见到鸬鹚站在树枝或栈桥上展开翅膀晾晒。

暗绿背鸬鹚

普通鸬鹚捕鱼

普通鸬鹚晾晒翅膀

Chroicocephalusridibundus

红嘴鸥

Black-headed Gull

居留型：冬候鸟

常见度：★★★★

级　别：三有、LC

1	2	3	4	5	6	7	8	9	10	11	12

两型：雌雄相似　　**体长：**37 ~ 41 cm

识别：繁殖羽喙暗红色，头部具深褐色头罩，背和两翼浅灰色，眼后具月牙形白斑。非繁殖羽喙红色，端部黑色，上体浅灰色，眼后具一黑斑。第一年冬羽翼上具褐色斑，喙橙色端黑，尾羽端部黑色。

生境：栖于湖泊、河流及沿海湿地。

习性：常集大群活动，喜在水域上空飞翔或在水中浮游。

食性：主要捕食鱼类、昆虫等水生动物。

● **红嘴鸥与黑嘴鸥的辨识**

非繁殖羽　红嘴鸥喙红色、尖细，第一年冬羽喙橙色；黑嘴鸥喙黑色、粗短。飞行时红嘴鸥初级飞羽外缘端部黑色；黑嘴鸥初级飞羽外缘端部白色，次端黑色。

非繁殖羽

繁殖羽　红嘴鸥头罩深巧克力色，眼后白色眼环比黑嘴鸥窄；黑嘴鸥头罩黑色。红嘴鸥喙深红色、尖细；黑嘴鸥喙黑色、粗短。

繁殖羽

鸥科鸟类的繁殖策略

雄雌共同哺育后代，雏鸟属早成鸟，不久后便可自行活动，但还需双亲喂养。小型鸥类如红嘴鸥、黑嘴鸥第二年便性成熟，大型鸥类如渔鸥第三年性成熟、西伯利亚银鸥第四年性成熟，有些鸥类甚至到第六年才达到性成熟。

不同鸥类会选择在海湾、岛屿、内陆湖泊等湿地筑巢，通常在地上、沼泽或崖壁平台上用植物搭建一个浅皿状巢穴。

大多数鸥类会集群营巢，一起营巢有很多好处，最大的益处便是更容易发现天敌，可以共同抵御，并且可以降低单个家庭被攻击的概率。

黑嘴鸥育雏

Larus crassirostris

黑尾鸥

Black-tailed Gull

居留型：旅鸟
常见度：★★
级　别：三有、LC

1	2	3	**4**	**5**	6	7	**8**	**9**	**10**	11	12

两型： 雌雄相似　　**体长：** 44 ~ 48 cm

识别： 成鸟喙较粗壮，喙基为黄色，端部红色，次端黑色，外侧初级飞羽黑色，内侧初级飞羽及次级飞羽具白色端斑。幼鸟喙粉色，端部黑色，整体为褐色。

生境： 栖于沿海湿地，偶见于内陆湖泊活动。

习性： 常集群活动，鸣声如猫叫。常在海面上空飞行，或跟随船只觅食。

食性： 主要捕食鱼类和各种无脊椎动物，也吃一些动物的尸体。

Larus vegae

西伯利亚银鸥

Vega Gull

居留型：冬候鸟
常见度：★★★
级　别：三有、LC

1	**2**	**3**	4	5	6	7	8	9	10	11	**12**

两型： 雌雄相似　　**体长：** 55 ~ 68 cm

识别： 成鸟腿粉红色，背部及两翼颜色由浅灰至深灰色，并略带蓝色，喙黄色，下喙近端部具红斑，停歇时三级飞羽可见显著的新月状白斑。亚成鸟具褐色斑，尾羽端黑，三级飞羽新月状白斑不明显或无，喙近端黑色。

生境： 栖于河流、湖泊和沿海湿地。

习性： 常集群活动，与其他鸥类混群。在水面翱翔寻找漂浮的食物，有时抢夺其他鸥类的食物。

食性： 主要捕食鱼类及各种无脊椎动物，也捕食鼠类。

Gelochelidon nilotica

鸥嘴噪鸥

Common Gull-billed Tern

居留型：旅鸟
常见度：★★
级　别：三有、LC

1	2	3	**4**	**5**	6	7	**8**	**9**	**10**	11	12

两型： 雌雄相似　　**体长：** 33 ~ 43 cm

识别： 喙黑色，较其他燕鸥粗壮，尾叉状。繁殖羽前额至枕部黑色。非繁殖羽头顶白色，眼后具一黑色斑，上体浅灰色。幼鸟上体沾褐色。

生境： 栖于沿海滩涂、内陆湖泊和水塘。

习性： 常单独或集小群活动，振翅缓慢，发现食物后掠过水面捕猎。

食性： 主要捕食小鱼，也捕食各种无脊椎动物。

幼鸟
整体近
于褐色
胡晓峰 摄

亚成鸟
翼尖无白斑
黑尾鸥是唯一成年后尾
端依然具有黑带的鸥
胡晓峰 摄

第一年冬羽
整体具褐色斑点
尾羽端部黑色
王跃先 摄

非繁殖羽
颈部、胸部具
褐色细纹
尾羽端部白色
陆信 摄

非繁殖羽
眼后具黑斑
孙海涛 摄

非繁殖羽
孙海涛 摄

Sternula albifrons

白额燕鸥

Little Tern

居留型： 夏候鸟
常见度： ★★
级　别： 三有、LC

1	2	3	4	5	6	7	8	9	10	11	12

两型： 雌雄相似　　**体长：** 22 ~ 28 cm

识别： 体小，喙较细长，尾深叉状。繁殖羽喙黄色，端部黑色，前额白色，眼先、头顶、枕部及后颈为黑色。非繁殖羽喙黑色，前额和头顶白色区域较多，头顶后部、枕部至后颈为黑色。

生境： 栖于沿海水塘、内陆湖泊和宽阔的河流。

习性： 常集群活动，振翅频繁，发现食物后垂直下降掠过水面或扎入水中捕猎。

食性： 主要捕食小鱼、虾，也捕食各种无脊椎动物。

Sterna hirundo

普通燕鸥

Common Tern

居留型： 旅鸟
常见度： ★★
级　别： 三有、LC

1	2	3	4	5	6	7	8	9	10	11	12

两型： 雌雄相似　　**体长：** 32 ~ 39 cm

识别： 喙较长且尖锐，尾深叉状。繁殖羽喙红色或黑色，端部黑色，前额、头顶至后颈黑色。非繁殖羽喙黑色，前额为白色，头顶、枕部至后颈黑色。幼鸟下喙基部为红色，上体具褐色斑。

生境： 栖于沿海水塘，也会到内陆河口、沼泽和鱼塘。

习性： 常集群活动，振翅缓慢，发现食物后迅速下降掠过水面或扎入水中捕猎。

食性： 主要捕食小鱼、虾，也捕食各种无脊椎动物。

白额燕鸥和普通燕鸥的辨识

繁殖羽： 两者差异很大，容易区别，详见如下表格。

特征	白额燕鸥	普通燕鸥
喙	喙黄色，端部黑色	喙红色或黑色，端部黑色
头、额	额白色、头顶至枕部黑色	额至枕部黑色
脚	脚黄色	脚红色
体型	20~28 cm	31~38 cm

非繁殖羽： 除体型大小外，白额燕鸥头顶白色杂有黑斑；普通燕鸥就像戴了个大头盔盖住了头顶和后颈。

白额燕鸥（非繁殖羽）

普通燕鸥（非繁殖羽）

●捕食高手——燕鸥

燕鸥类是有名的捕食高手，它们以极高的捕食效率闻名。

它们的身体轻盈灵活，飞速较快，它们尖细的喙非常适合捕捉滑不溜秋的鱼类、乌贼等水生动物。觅食时燕鸥类通常单独或集群在水面上空来回飞行，利用发达的视力搜寻水下的猎物。一旦发现猎物，它们会收起翅膀，从几米至十几米的空中俯冲入水中，用喙夹住猎物之后奋力拍打翅膀跃出水面。我们经常看到燕鸥跟在渔船的后面捡拾被渔夫丢弃的海产品。此外，有些较为强壮的燕鸥还会直接从其他鸟类的嘴中抢夺食物。

捕捉到猎物的普通燕鸥

Chlidonias hybrida

灰翅浮鸥

Whiskered Tern

居留型：夏候鸟
常见度：★★★★
级　别：三有、LC

1	2	3	4	5	6	7	8	9	10	11	12

两型： 雌雄相似　　**体长：** 23 ~ 29 cm

识别： 繁殖羽喙暗红色，头顶至后颈为黑色，无杂纹，胸腹部深灰色。非繁殖羽喙黑色，前额白色，头顶至枕部为黑灰色，带有白色杂纹，下体白色。

生境： 栖于湖泊、水塘、开阔河流等。

习性： 常集群活动，振翅频繁，常空中悬停，发现食物后迅速下降掠过水面捕猎，有时也漂浮在水面。

食性： 主要捕食小鱼、虾，也捕食各种无脊椎动物。

别名： 须浮鸥

Chlidonias leucopterus

白翅浮鸥

White-winged Tern

居留型：旅鸟
常见度：★★
级　别：三有、LC

1	2	3	4	5	6	7	8	9	10	11	12

两型： 雌雄相似　　**体长：** 23 ~ 27 cm

识别： 尾叉很浅。繁殖羽喙暗红色至黑色，两翼银灰色，头、颈、背、胸腹及翼下覆羽黑色。非繁殖羽喙黑色，头后具黑色杂斑，上体浅灰色，下体白色。幼鸟背部羽毛黑褐色。

生境： 栖于沿海水塘、内陆湖泊和河流。

习性： 常集群活动，振翅频繁，常空中悬停，发现食物后迅速下降掠过水面捕猎。

食性： 主要捕食小鱼、虾，也捕食各种无脊椎动物。

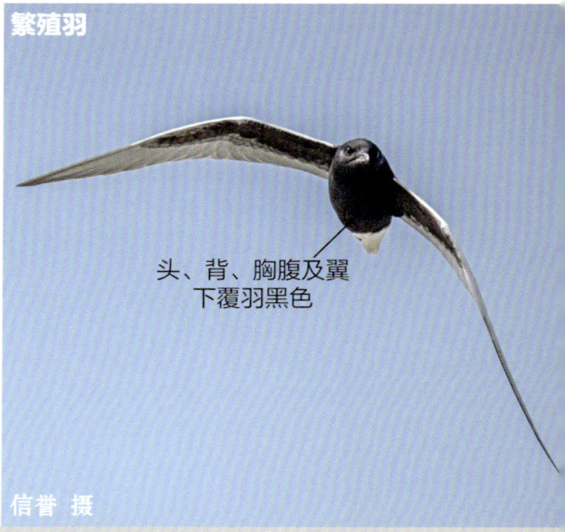

葛飞 摄

石俊祥 摄

信誉 摄

薄顺奇 摄

陆信 摄

Haematopus ostralegus

蛎鹬[1]

Eurasian Oystercatcher

居留型： 旅鸟
常见度： ★
级　别： 三有、NT

1	2	3	4	5	6	7	8	9	10	11	12

两型： 雌雄相似　　**体长：** 40 ~ 47 cm
识别： 成鸟喙橘红色，长而粗壮，虹膜红色，脚粉红色；头、颈、上背和上胸黑色，下背至尾白色，尾羽末端黑色，胸以下白色；翼黑色，飞行时可见明显的长且宽的白色翼带和白腰。幼鸟喙橘红色较浅，上体褐色具浅色羽缘。
生境： 栖于海边泥滩，也见于内陆水域。
习性： 常单独或集小群活动，在贝类丰富的海滨地带觅食。
食性： 主要捕食各种软体动物如双壳类、腹足类与多毛类生物，也会捕食各种甲壳类动物。

Recurvirostra avosetta

反嘴鹬[2]

Pied Avocet

居留型： 冬候鸟
常见度： ★★★
级　别： 三有、LC

1	2	3	4	5	6	7	8	9	10	11	12

两型： 雌雄相似　　**体长：** 42 ~ 45 cm
识别： 喙黑色，细长，上翘明显。全身黑白分明，头顶至后颈、肩部及翼尖黑色，翼上覆羽有黑条斑，脚蓝灰色。幼鸟黑色部分掺杂褐色，背和白色覆羽沾褐色。
生境： 栖于浅水塘、沼泽和湖泊。
习性： 觅食时上翘的喙在水表层左右扫捕掠食。飞行时不停地快速振翅并做长距离滑翔。
食性： 主要捕食水中蠕虫、昆虫和甲壳类动物。

Himantopus himantopus

黑翅长脚鹬[2]

Black-winged Stilt

居留型： 旅鸟 / 夏候鸟
常见度： ★★★
级　别： 三有、LC

1	2	3	4	5	6	7	8	9	10	11	12

两型： 雌雄二型　　**体长：** 35 ~ 40 cm
识别： 成鸟喙细长，脚粉红色且修长，头顶至后颈黑色，有些个体头、后颈白色，杂以不同程度的黑色。雄鸟上体黑色，雌鸟黑色沾褐色。飞行时，翼黑色，背中央至尾羽及下体白色。幼鸟下喙基色浅，上体多褐色具明显的浅色羽缘。
生境： 栖于浅水沼泽、湖泊、水库等淡水湿地，亦见于沿海滩涂。
习性： 常单独、成对或集小群活动，在水中缓慢行走啄食。泰州地区也有繁殖种群。
食性： 主要捕食昆虫、环节动物。

幼鸟
虹膜
暗褐色
脚色
不鲜艳
胡晓峰 摄

成鸟
长且宽的白色
翼带和白腰
胡晓峰 摄

成鸟
吴建华 摄

上雄鸟下雌鸟
沈海波 摄

刚出壳的雏鸟
雌鸟
吴建华 摄

左雌鸟右雄鸟
雄鸟上体
黑色
雌鸟上体黑
色沾褐色
孙海涛 摄

● 黑翅长脚鹬的繁殖行为（图鉴页见第68~69页）

黑翅长脚鹬求偶行为一般发生在3—5月，未配对的黑翅长脚鹬常集群在开阔的浅水水域活动、觅食。雄鸟会主动接近目标雌鸟，在其周围觅食、绕飞、鸣叫，雌鸟也会以鸣叫、扇翅回应。这期间，为了驱赶其他靠近雌鸟的“竞争者”，雄鸟之间经常会出现打斗、鸣叫等行为，而完成配对的雄鸟和雌鸟则开始成对在群体边缘活动。

黑翅长脚鹬的求偶交配极具仪式感，具体表现为：雌鸟头颈向前倾伸直，基本与背部持平，尾部向上微翘，雄鸟在雌鸟的一侧不停地用喙快速撩起水花并用喙整理羽毛，再从雌鸟尾部绕到另一侧重复动作，两侧各重复3~5次后，雄鸟快速飞到雌鸟背部，尾部相交后，雄鸟从雌鸟背上迅速滑落，雄鸟以头颈和喙缠绕雌鸟头部进行旋转移动后快速分开，各自觅食，但依然成对活动。我们发现同对黑翅长脚鹬会有多次交配行为，可能是为了提高交配繁殖的成功率。

黑翅长脚鹬的巢

Vanellus cinereus

灰头麦鸡

Grey-headed Lapwing

居留型： 夏候鸟
常见度： ★★★
级　别： 三有、LC

1	2	**3**	**4**	**5**	**6**	**7**	**8**	**9**	10	11	12

两型： 雌雄相似　**体长：** 34 ~ 37 cm
识别： 成鸟头、颈灰色，背部灰褐色，翼尖、胸带及尾端黑色，腹以下白色。幼鸟头顶至背褐色密布浅色羽缘，无黑色胸带或不明显。
生境： 栖于近水的开阔地，如河滩、农田和草地。
习性： 常成对或集小群活动，飞行迟缓，性警惕畏人，发现危险时立即起飞。灰头麦鸡的“先头部队”通常最早于3月中上旬抵达泰州。
食性： 主食各种昆虫，也食其他小型水生无脊椎动物。

孙海涛 摄

Vanellus vanellus

凤头麦鸡

Northern Lapwing

居留型： 冬候鸟
常见度： ★★★
级　别： 三有、NT

1	**2**	**3**	4	5	6	7	8	9	**10**	**11**	**12**

两型： 雌雄相似　**体长：** 28 ~ 31 cm
识别： 上体深绿色具金属光泽，下体白色，头顶黑色具上翘的黑色冠羽。繁殖羽颏、喉至胸黑色，黑色冠羽更长。非繁殖羽颏、喉白色，脸颊呈棕白色。幼鸟脸颊棕色较重，冠羽较短，上体密布浅黄色羽缘。
生境： 栖于空旷的湖泊、沼泽、水塘、稻田和草地。
习性： 常集小群或大群活动，振翅慢、飞行缓，性警惕畏人，发现危险时立即起飞。
食性： 主食各种昆虫，也食其他小型无脊椎动物。

王学辉 摄

黑翅长脚鹬踩背（交配行为）

黑翅长脚鹬绕颈（交配行为）

Pluvialis fulva

金鸻

Pacific Golden Plover

居留型：旅鸟
常见度：★★
级　别：三有、LC

1	2	**3**	**4**	**5**	6	7	**8**	**9**	10	11	12

两型：雌雄相似　**体长：**23～26 cm
识别：繁殖羽脸颊、喉至胸腹以下黑色，体侧具白色纵斑，上体灰黑色具金黄色斑。非繁殖羽脸颊皮黄色，体羽黑色多褪去或变淡，颈、胸皮黄色具暗色纵纹或点斑，腹部污白色。幼鸟似非繁殖羽，但黄褐色较浓，颈、胸具明显的暗色纵纹。
生境：栖于草地和农田，也见于海滨泥质沙地。
习性：常集成小至中群活动，通过奔一停的方式觅食。
食性：主要捕食各种小型无脊椎动物。
别名：金斑鸻

Pluvialis squatarola

灰鸻

Grey Plover

居留型：冬候鸟/旅鸟
常见度：★
级　别：三有、VU

1	**2**	**3**	**4**	**5**	6	7	**8**	**9**	**10**	**11**	**12**

两型：雌雄相似　**体长：**26～29 cm
识别：繁殖羽上体白色具黑斑，颊、前颈至上腹部黑色。非繁殖羽上体灰褐色具黑褐色及白色碎斑，胸灰褐色具深色纵纹，下体偏白色。幼鸟上体灰褐色具较多白色和皮黄色点斑，三级飞羽羽缘具白色三角斑，颈、胸及两胁具明显的细纵纹。
生境：常见于沿海滩涂、河口，有时见于内陆。
习性：常集小群至数千只大群活动，并与多种鸻鹬混群，喜追逐其他鸻鹬夺食。
食性：主要捕食小型无脊椎动物。
别名：灰斑鸻

繁殖羽
上体具金黄
色斑纹
胸腹部黑色
斑块明显
王学辉 摄

幼鸟
上体具较多白色
和皮黄色点斑
颈、胸及两胁
具明显细纵纹

非繁殖羽
腋羽黑色
蒲川 摄

Charadrius leschenaultii

铁嘴沙鸻

Greater Sand Plover

居留型：旅鸟
常见度：★★
级　别：三有、LC

1	2	3	4	5	6	7	8	9	10	11	12

两型：雌雄相似　　**体长：**22 ~ 25 cm

识别：喙较长。繁殖羽背灰褐色，头顶至后颈灰褐色具棕红色边缘，前额白色，上缘具黑色横斑，过眼纹黑色，喉及前颈白色，胸具棕红色胸带，腹以下白色。非繁殖羽上体羽色为单调的灰褐色，过眼纹及胸带变灰褐色。幼鸟似非繁殖羽，上体羽色较淡具浅色羽缘。

生境：栖于沿海泥滩与沙滩。

习性：喜聚集小群活动，通过奔一停方式靠视觉觅食，移动较为迅速。

食性：主要捕食各种小型无脊椎动物。

Charadrius mongolus

蒙古沙鸻

Lesser Sand Plover

居留型：旅鸟
常见度：★★
级　别：三有、EN

1	2	3	4	5	6	7	8	9	10	11	12

两型：雌雄相似　　**体长：**18 ~ 21 cm

识别：似铁嘴沙鸻，但喙较铁嘴沙鸻短，繁殖羽胸部具更宽的棕红色胸带，常延长至两胁，胸带上缘具黑色细线。非繁殖羽上体羽色转为单调的灰褐色，无黑色额带，过眼纹、胸带转灰褐色，胸带可能中间断开。幼鸟似非繁殖羽，上体羽色较淡具明显的浅色羽缘。

生境：栖于泥滩与沙滩。

习性：喜聚集小群活动，通过奔一停方式靠视觉觅食，喜小步奔走。

食性：主要捕食各种小型无脊椎动物。

●铁嘴沙鸻与蒙古沙鸻的辨识

2 种沙鸻的主要辨识点还是要从它们的“铁嘴”上下功夫。具体来说，蒙古沙鸻的喙相对较粗短，而铁嘴沙鸻的喙较尖长。此外，铁嘴沙鸻的腿也相对较长，体型更大，腿偏黄色。这些特征都可以帮助我们更准确地辨识这两种沙鸻。

铁嘴沙鸻

蒙古沙鸻

●鸻科鸟类基础知识

鸻科鸟类的特征是圆圆的头上长着大大的眼睛，喙尖而粗短，另一个特点是鸻类鸟大部分雌雄形态差异相对较小，只有少部分鸻类具有一定的雌雄差异，如东方鸻。

鸻科鸟类主要取食地表附近的无脊椎动物，包括节肢动物和蠕虫。在草地上取食蚯蚓、蜘蛛以及蝇类和甲虫等昆虫；在淡水区域，主要取食水生昆虫和小型甲壳类；在滩涂上，主要取食沙蚕、螃蟹、小虾等，偶尔也取食软体动物。鸻科鸟类主要依靠视觉觅食，有些种类采取走走停停的方式觅食，停下来时，一只脚不停抖动并击打地面，可能是为了探寻泥中的小虫，如金眶鸻。

觅食中的灰鸻

Charadrius veredus

东方鸻

Oriental Plover

居留型：旅鸟
常见度：★★
级　别：三有、LC

1	2	3	4	5	6	7	8	9	10	11	12

两型： 雌雄二型　　**体长：** 22 ~ 25 cm

识别： 雄鸟繁殖羽头、颈近白色，头顶略带灰褐色；胸橙红色，下胸具黑色胸带，腹部至尾下覆羽白色。雌鸟繁殖羽头部羽色偏暗，胸部棕褐色，下胸无黑色胸带。非繁殖羽颊、颈较多皮黄色，胸淡褐色，胸带不明显。幼鸟似非繁殖羽，胸褐色较浅，体背具明显的羽缘。

生境： 栖于草地，偶尔见于水塘和滩涂。

习性： 常单独或集小群活动，奔走觅食。

食性： 主要捕食昆虫、蠕虫等小型无脊椎动物。

雌鸟

吴建华 摄

雄鸟繁殖羽（过渡阶段）

孙海涛 摄

幼鸟

孙海涛 摄

鸟类的换羽

换羽是指鸟类周期性地脱落旧羽毛并长出新羽毛的生理过程，该时期也被称为“换羽期”。鸟类的羽毛具有飞行、保温、求偶、视觉警示等多种功能，但是阳光照射、机械摩擦、病菌寄生等会导致羽毛逐渐磨损，使羽毛的保温、防水、飞翔能力降低，因此换羽对于鸟类很重要。为了维持羽毛的功能，鸟类有3个特殊时期需要换羽。

稚后换羽　幼鸟特有的，更换部分或全部稚羽。一般幼鸟离巢后在繁殖地附近进行稚后换羽，通常在秋季迁徙之前或迁徙初期完成。

婚前换羽　成鸟和幼鸟均可发生，通常在越冬地春季迁徙前进行换羽，但有些在春季迁徙过程中进行换羽。婚前换羽，能使鸟类获得更加醒目的繁殖羽。

婚后换羽　成鸟特有的，通常在夏末繁殖期结束后，在繁殖地附近进行，在秋季迁徙之前或迁徙初期完成。

换羽中的流苏鹬

金鸻换羽前后的比较

繁殖羽

非繁殖羽

Charadrius dubius

金眶鸻

Little Ringed Plover

居留型： 夏候鸟
常见度： ★★★
级　别： 三有、LC

1	2	**3**	**4**	**5**	**6**	**7**	**8**	**9**	**10**	11	12

两型： 雌雄相似　　**体长：** 15 ~ 18 cm
识别： 繁殖羽具明显的金色眼圈，前额白色，额上黑色横斑与黑色过眼纹连接，白色眉纹延伸至头顶，喉、颈白色，白色颈环下具黑色胸带，下体白色。非繁殖羽黑色的额斑和胸带变为暗褐色，金色眼圈变淡。飞行时无白色翼带。幼鸟似非繁殖羽，但无黑色额斑，头顶及背具浅色羽缘。
生境： 栖于泥质沙地、沼泽地带、草地和农田。
习性： 常集成小至中群活动，通过奔一停的方式觅食。
食性： 主要取食各种小型无脊椎动物。

Charadrius placidus

长嘴剑鸻

Long-billed Plover

居留型： 旅鸟
常见度： ★
级　别： 三有、LC

1	**2**	**3**	**4**	5	6	7	8	9	**10**	11	12

两型： 雌雄相似　　**体长：** 19 ~ 21 cm
识别： 喙细长，金色眼圈不明显。繁殖羽前额白色，额上黑横纹连接黑褐色过眼纹，淡黄色眼圈较窄；喉白色，具白色颈环，颈下具一黑色的完整全胸带，下体白色；上体灰褐色。非繁殖羽过眼纹和胸带转灰褐色，胸带常不闭合或不完整。幼鸟无黑色额斑，上体具浅色羽缘。
生境： 栖于内陆湿地及沿海的多石地带。
习性： 常单独或集小群活动，慢步或奔一停啄食。
食性： 主要捕食小型无脊椎动物。

Charadrius alexandrinus

环颈鸻

Kentish Plover

居留型： 留鸟
常见度： ★★★★
级　别： 三有、LC

1	**2**	**3**	**4**	**5**	**6**	**7**	**8**	**9**	**10**	**11**	**12**

两型： 雌雄二型　　**体长：** 15 ~ 17 cm
识别： 雄鸟繁殖羽背灰褐色，头顶至枕栗红色，具白色颈环，前额白色，上缘具黑色横斑且不与黑色过眼纹相连，胸带黑色，中间不闭合。雌鸟过眼纹、胸带褐色，无黑色额斑。雄鸟非繁殖羽似雌鸟，但过眼纹和胸带偏黑色。幼鸟似雌鸟，但背具明显的浅色羽缘。
生境： 栖于沙地、草地和荒地。
习性： 常集小群活动，通过奔一停方式靠视觉觅食，喜小步奔走。
食性： 主要取食各种小型无脊椎动物。

非繁殖羽
带多为暗褐
色，腿黄色
海涛 摄

幼鸟
石俊祥 摄

繁殖羽
振尧 摄

非繁殖羽（过渡阶段）
眼圈较窄，
呈黄色
喙较金眶
鸻长

幼鸟
信 摄

雏鸟
陆信 摄

Glareola maldivarum

普通燕鸻[1]

Oriental Pratincole

居留型：夏候鸟
常见度：★★
级 别：三有、LC

1	2	3	4	5	6	7	8	9	10	11	12

两型：雌雄相似 **体长：**23 ~ 24 cm

识别：整体棕褐色，翼较长。繁殖羽喉皮黄色镶黑边，形成醒目的黑色领环，腰及尾上覆羽白色，下腹至尾下覆羽白色。非繁殖羽喙基红色褪去，黑色领环变淡且模糊。飞行时，翼下覆羽橘红色，尾羽短且分叉。幼鸟上体具明显的浅色羽缘。

生境：栖于开阔的矮草地、农田和水塘。

习性：常集小群活动。兼有燕和鹬的习性，迁徙或越冬期间与其他涉禽混群。

食性：主要捕食各种昆虫，如直翅目的蟋蟀、蝗虫以及鞘翅目的各种甲虫。

Hydrophasianus chirurgus

水雉[2]

Pheasant-tailed Jacana

居留型：夏候鸟
常见度：★★★
级 别：国二、LC

1	2	3	4	5	6	7	8	9	10	11	12

两型：雌雄相似 **体长：**39 ~ 58 cm

识别：趾长，头、颈白色，后颈金黄色镶黑边，背、尾羽及胸以下黑褐色，中央尾羽延长。非繁殖羽头顶及后颈褐色，颈侧金黄色，黑色过眼纹经颈侧延伸至胸前；上体褐色，尾变短，胸至腹部变白色。飞行时白色翼明显，翼尖黑色。幼鸟似非繁殖羽，但头红棕色，颈侧金黄色纵纹色浅或无。

生境：喜芡实、菱角、莲、水葫芦等浮水植物丰富的淡水湿地。

习性：一雌多雄制，雄鸟孵卵抚育后代。

食性：主要捕食昆虫、软体动物和小型甲壳类。

水雉的繁殖

水雉为江苏地区的夏候鸟，一般在每年的 4 月初从南方陆续迁到，初到的一部分水雉仍处于换羽中。5—9 月为其繁殖期，9 月中下旬成鸟和当年新长成的幼鸟会集小群或零散地陆续向南迁徙。水雉的婚配制度是鸟类中少见的“一妻多夫制”，雌鸟只负责产卵，后期的孵卵和育雏均由雄鸟独立完成，雌鸟产完卵后又开始寻找新的配偶，开始新一轮的交配产卵。

为了确保繁衍后代所需的食物、空间和安全，水雉具有很强的领地性，当有其他水雉或水鸟（比如白鹭、黑水鸡等）靠近时，水雉会出现警戒、鸣叫、打斗等行为。水雉一般在水塘浮叶植物上营巢，偏好在芡实叶上营巢，上面铺一层简单的水草。这可能是因为芡实叶片面积大，蛋不容易丢失，同时其叶片上的许多尖刺还能有效防止天敌窃蛋。

水雉雏鸟为早成鸟，出生半小时后即可行走并自行觅食，亲鸟（雄鸟）负责守护和警戒，多数情况下雏鸟待在亲鸟腹下。亲鸟离开后，雏鸟一般会在原地长久地保持一个姿势不动，直到亲鸟回来；有时当亲鸟警惕到危险时，雏鸟即使在亲鸟附近也会长久保持不动，直到亲鸟放松警惕，雏鸟会快速走到亲鸟身边。

水雉偏好在芡实叶上营巢，底下铺了一层槐叶蘋

繁殖羽
杨勇 摄

幼鸟
具明显的
浅色羽缘
胡晓峰 摄

上雄鸟下雌鸟
雌鸟繁殖期尾羽
较雄鸟更长，体
型更大
杨勇 摄

幼鸟
颈侧无金黄色
纵纹
孙海涛 摄

水雉护育雏鸟

Rostratula benghalensis
彩鹬[1]
Greater Painted-snipe

居留型：夏候鸟
常见度：★
级　别：三有、LC

1	2	3	4	5	6	7	8	9	10	11	12

两型：雌雄二型　　**体长：**23 ~ 28 cm
识别：成鸟色彩艳丽，头顶具黄色顶冠纹，背上具黄色“V”形斑，喙前端膨大并略向下弯曲。雄鸟体型较雌鸟小，头及背橄榄绿色，翼上多黄、白、黑色杂斑，眼斑黄白色。雌鸟颊、颈至上胸栗红色，下胸具明显的黑色胸环，头顶及背暗绿色具黑色细纹，眼斑白色。幼鸟似雄鸟，但喙为暗褐色。
生境：栖于水生植物丰富的浅水塘如水稻田。
习性：一雌多雄制，雄鸟孵卵抚育后代。
食性：主要捕食昆虫、鱼、虾、蛙、螺蛳等。

Limnodromus semipalmatus
半蹼鹬[2]
Asian Dowitcher

居留型：旅鸟
常见度：★★
级　别：国二、NT

1	2	3	4	5	6	7	8	9	10	11	12

两型：雌雄相似　　**体长：**33 ~ 36 cm
识别：两胁具黑灰色横斑。繁殖羽头、颈、胸及上腹锈红色，上体黑灰色沾红褐色，具浅色羽缘，下腹至尾下覆羽偏白色。非繁殖羽上体灰褐色为主，眉纹白色，头、颈和下体锈红色褪去，颈、胸具模糊灰色斑纹。幼鸟颈至胸黄褐色浓，背部浅色羽缘更宽。
生境：栖于沿海泥滩和内陆沼泽。
习性：喜集群迁徙，捕食时常将喙垂直向下插入泥水中探寻食物，动作似缝纫机。
食性：主要捕食小型软体动物、蠕虫、昆虫等。

鸟类分类学知识

生物分类学是关于生物分类、鉴定和命名的原理和方法，基于物种间的相似性和差异性阐明物种间的亲缘关系。一些近缘的种归类为属，相近的属构成科，相近的科构成目，相近的目又构成纲。比如鸟纲下面有雁形目、鸻形目、鸡形目、雀形目、鹰形目、隼形目、鸽形目……，鸻形目下面有鹬科、鸻科、反嘴鹬科、彩鹬科、水雉科、鸥科……，鹬科下面有杓鹬属、滨鹬属、塍鹬属、鹬属……，杓鹬属下面有大杓鹬、中杓鹬、小杓鹬、白腰杓鹬……。

种是生物分类的基本单元，亚种是该物种所包含的地方性种群，反映了物种内的多样性，体现了不同地理种群间表型特征和遗传特征的差异，它可能代表了具有相对独立演化历史的一个谱系支，也可能是对局域环境适应的结果，也可能是种间杂交的居间类群。但物种并不是固定不变的，随着研究的深入，物种分类会不断更新和调整，有的亚种被独立出来成为种，有的亚种差异不显著被取消。《中国鸟类分类与分布名录》（第四版）新增由亚种提升为种的鸟类有26种，如白脸鸻原是环颈鸻的一个亚种，现提升为独立的物种，因为两者间存在较小但稳定的遗传差异，且两者具有形态、行为和栖息地的差异及稳定同位素反映出来的食性差异。

物种的拉丁学名是国际通用的官方名称，与之相对应的还有中文名和英文名。学名第一个单词为属名（首字母大写），第二个单词为种名（首字母小写），如勺嘴鹬拉丁学名为

雌鸟

雄鸟

沈海波 摄

非繁殖羽

陆信 摄

幼鸟

汤正华 摄

Calidris pygmaea，要斜体，*Calidris* 为属名，*pygmaea* 为种名，可将其与同属中其他物种区分开。

现代生物分类学综合采用了形态特征、鸣声分析、地理分布、分子生物检测等多种技术手段，但基于鸟类的外部形态特征和行为特征进行分类鉴别仍是现在野外观鸟主要手段。

极危鸟种——勺嘴鹬

Limosa lapponica

斑尾塍鹬

Bar-tailed Godwit

居留型：旅鸟
常见度：★★
级　别：三有、NT

1	2	3	**4**	**5**	6	7	**8**	**9**	**10**	11	12

两型： 雌雄相似　　**体长：** 37 ~ 41 cm
识别： 雄鸟繁殖羽颊、前颈、胸至下体棕红色，头顶具黑褐色细纵纹，背部黑褐色。雌鸟繁殖羽似雄鸟，但棕红色较浅。非繁殖羽棕红色褪去，下体偏白色，背斑驳，具白色羽缘和暗色羽轴。飞行时，腰、尾羽及翼下覆羽具黑褐色横纹。幼鸟黄褐色浓，上体浅色羽缘和暗色轴斑更明显。
生境： 栖于潮间带的滩涂、沼泽湿地、稻田。
习性： 集群迁徙，通过触觉连续性的方式觅食，常活动于浅滩，较少进入深水区域。
食性： 主要捕食各种小型无脊椎动物。

蒲川 摄

Limosa limosa

黑尾塍鹬

Black-tailed Godwit

居留型：旅鸟
常见度：★★★
级　别：三有、NT

1	2	**3**	**4**	**5**	6	**7**	**8**	**9**	**10**	**11**	12

两型： 雌雄相似　　**体长：** 36 ~ 44 cm
识别： 雄鸟繁殖羽颊、颈及胸腹棕红色，胸、腹密布黑色横纹，下腹及尾下覆羽白色，上体黑褐色具棕红色斑。雌鸟繁殖羽似雄鸟，颈、胸棕红色较浅，胸、腹侧横斑稀疏。非繁殖羽为单调的灰褐色。飞行时，翼下覆羽和腰白色。幼鸟头、颈多黄褐色，上体具深色轴斑和明显的浅色羽缘。
生境： 栖于沿海泥滩与内陆浅水湿地。
习性： 常集群活动，在水边泥地或浅水湿地边走边觅食，以长喙探寻或捡食的方式觅食。
食性： 主要捕食昆虫、甲壳类和软体动物等。

朱迎春 摄

●特殊鸟类的迁徙

连续迁徙距离最远的鸟：斑尾塍鹬

斑尾塍鹬擅长连续长距离飞行。2022 年 10 月 13—24 日，一只编号为“234684”，仅 5 个月大的斑尾塍鹬从美国阿拉斯加起飞，斜跨太平洋，抵达澳大利亚塔斯马尼亚州的安森斯湾，连续飞行了至少 13 560 km。这期间它不间断地拍打翅膀 265 小时，创造了陆地鸟类按距离连续飞行最长的世界纪录。

迁徙之王：北极燕鸥

北极燕鸥被称为白昼鸟，体态轻盈能进行长距离的飞行。它们在南极和北极间往返，全程近 40 000 km，这是已知的动物中迁徙路线最长的，是世界上远程飞行纪录的保持者，被称为地球上所有动物中的“迁徙之王”。北极燕鸥夏天在北极筑巢繁殖，幼鸟出生 1 个月后开始长途迁徙，全程在亲鸟的带领下迁飞到南极过冬，然后在第二年再次飞回北极繁殖。在北极地区繁殖，因为北极夏天有漫长的白昼，能提供充足的食物资源，冬季来临后，北极日照时间缩短，食物变得短缺，所以它们要迁徙到南极，那里正好是夏季，同样有着丰富的食物资源，这样就可以保证它们一年四季都有充足的食物和适宜的栖息环境。

登高冠军：蓑羽鹤

蓑羽鹤南迁飞越喜马拉雅山时最高的飞行高度可以超过 8 000 m。

非繁殖羽

飞行的鸟群

胡晓峰 摄

幼鸟

吴建华 摄

飞行的鸟群

沈海波 摄

迁徙中的斑尾塍鹬

Numenius minutus

小杓鹬

Little Curlew

居留型：旅鸟
常见度：★★
级　别：国二、LC

1	2	3	**4**	**5**	6	7	8	**9**	**10**	11	12

两型：雌雄相似　　**体长：**28 ~ 32 cm

识别：体型及喙在杓鹬中最短小，喙微微下弯，顶冠纹皮黄色，侧冠纹黑褐色，眉纹皮黄色，过眼纹深褐色、不呈直线；上体黑褐色具浅色羽缘；颈、胸皮黄色具深色纵纹，腹以下近白色，两肋具暗褐色横纹，尾羽浅褐色具深色横斑。

生境：偏好开阔的草地与农田，偶在滨海盐沼、滩涂活动。

习性：常集小群活动。

食性：主要以昆虫、蠕虫、软体动物等小型无脊椎动物为食。

Numenius phaeopus

中杓鹬

Whimbrel

居留型：旅鸟
常见度：★★
级　别：三有、LC

1	2	3	**4**	**5**	6	**7**	**8**	**9**	10	11	12

两型：雌雄相似　　**体长：**40 ~ 46 cm

识别：成鸟体型比小杓鹬大，喙长且下弯明显，眉纹灰白色，过眼纹黑褐色。身体斑纹似小杓鹬，但颜色更暗淡；颈、胸密布黑褐色细纵纹，腹部白色，两肋具深色横纹。幼鸟羽色暗淡，三级飞羽具浅色三角斑。

生境：栖于沿海泥滩，也见于内陆湖泊、河流湿地。

习性：常单独或集小群活动，常分散单独觅食，通常直接啄食，有时也将喙插入泥中，边走边探食。

食性：主要捕食软体动物与甲壳类，也捕食昆虫蜘蛛等其他小型无脊椎动物。

2 种小型杓鹬辨识

2 种小型杓鹬在野外辨别主要看喙，小杓鹬的喙较短且下弯程度小，成年中杓鹬的喙较长且下弯明显。除了喙，身上的斑纹也是很好的分辨依据。小杓鹬上体的浅色羽缘很清晰，显得整体颜色更淡，中杓鹬浅色羽缘较窄，显得整体颜色更深。同时小杓鹬颈部纵纹局限于上胸部，而中杓鹬纵纹更密且延伸至腹部。

小杓鹬

中杓鹬

● 鸟浪阵阵，如何安全飞行？

不少鸟类都有集群迁飞的习性，如鸻鹬、椋鸟、鸭类等。集群飞行有许多好处：可以依托群体的庇护降低被捕食的风险，也可在迁飞时借助同类振翅的气流，节省体力。在集群快速飞行时，往往会有数百甚至数千只鸟集成大群，但鲜有飞行中相撞的事件发生，不仅如此，鸟群还可以实现快速的方向改变和精细的形状变换，蔚为壮观。

那么，鸟儿们是如何安全有效地完成这一系列井然有序的动作呢？鸟类学家托马斯·亨利·波茨通过观察和研究，提出了目前接受度最高的chorus-line model（歌舞团模型），每个个体只需要跟随自己身边的6~7只鸟，与邻居们保持动作一致，即可实现整体的精细运动，类似于运动场馆中可见到的“人浪”。每次的变换都是由1只或几只鸟开始改变方向，继而波浪式地传遍整个群体。

鸟浪

Numenius madagascariensis

大杓鹬

Far Eastern Curlew

居留型：旅鸟
常见度：★★
级　别：国二、EN

1	2	**3**	**4**	**5**	6	7	8	**9**	**10**	11	12

两型：雌雄相似　　**体长：**53 ~ 66 cm

识别：喙特长而下弯，整体黄褐色，头、颈至胸部具黑褐色纵纹，并延伸至两肋甚至尾下，下体皮黄色；上体具深褐色轴斑和浅色羽缘。飞行时可见腰至尾羽及翼下覆羽密布黑褐色横斑。幼鸟羽色较暗，上体具明显的浅色羽缘，喙稍短，三级飞羽具浅色三角斑。

生境：栖于沿海泥滩、沼泽、河流和湖泊。

习性：常单独或松散的小群活动与觅食，经常可见与白腰杓鹬混群，通过触觉连续性的方式觅食。

食性：主要捕食螃蟹、软体动物等小型无脊椎动物。

成鸟

陆信 摄

飞行的鸟群

胡晓峰 摄

Numenius arquata

白腰杓鹬

Eurasian Curlew

居留型：旅鸟
常见度：★★
级　别：国二、NT

1	2	3	**4**	**5**	6	7	**8**	**9**	10	11	12

两型：雌雄相似　　**体长：**50 ~ 60 cm

识别：喙特长而下弯，成鸟上体灰褐色具黑褐色轴斑及浅色羽缘；头、颈、胸具黑褐色细纵纹，并延伸至两肋，下腹及尾下覆羽全白色。飞行时可见下背至腰及翼下覆羽白色，尾羽白色具黑褐色横纹。幼鸟羽色暗淡，上体具明显的浅色羽缘，三级飞羽羽缘具三角斑。

生境：栖于沿海泥滩、河口、沼泽、湖泊和河流。

习性：常集小群活动，通过触觉连续性的方式觅食。

食性：主要捕食螃蟹、软体动物、蠕虫和昆虫等小型无脊椎动物。

胡晓峰 摄

成鸟

朱迎春 摄

郝夏宁 摄

陆信 摄

郑运祥 摄

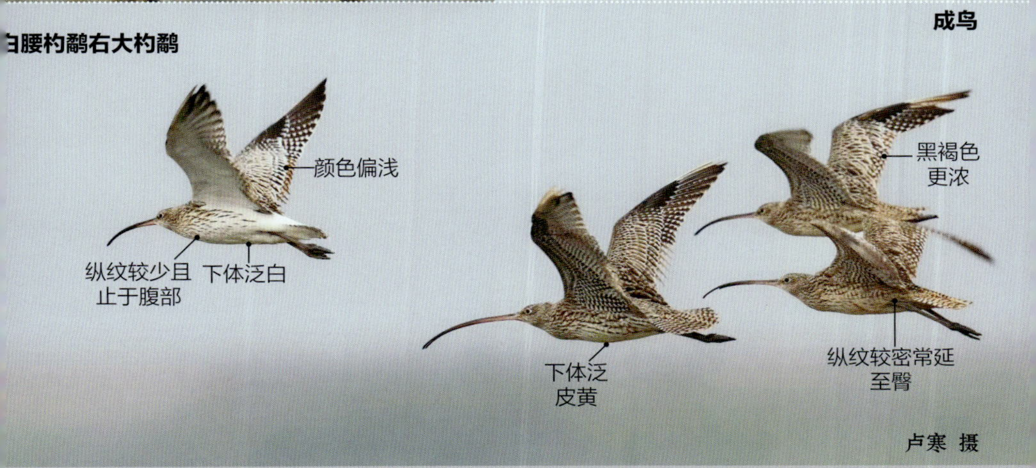

卢寒 摄

Calidris alpina

黑腹滨鹬

Dunlin

居留型： 冬候鸟 / 旅鸟
常见度： ★★★
级　别： 三有、NT

1	**2**	**3**	**4**	**5**	6	**7**	**8**	**9**	**10**	**11**	**12**

两型： 雌雄相似　　**体长：** 18 ~ 22 cm
识别： 繁殖羽头顶棕红色具黑色细纹，背灰褐色具棕红色斑；下体白色，颈、胸具黑色纵纹，腹部中央具显著的黑色大斑。非繁殖羽上体为单调的灰褐色，下体白色，胸侧具模糊斑纹，腹部黑斑不明显或无。腰至尾中央黑色而两侧白色。幼鸟羽色暗淡沾黄褐色，上体具明显的白色羽缘。
生境： 栖于沿海和内陆泥滩。
习性： 常单独或成小群活动，与其他涉禽混群。进食忙碌，边跑边啄食。
食性： 主要以软体动物、蠕虫、昆虫和甲壳类为食。

Calidris ferruginea

弯嘴滨鹬

Curlew Sandpiper

居留型： 旅鸟
常见度： ★★
级　别： 三有、VU

1	2	3	**4**	**5**	6	**7**	**8**	**9**	10	11	12

两型： 雌雄相似　　**体长：** 18 ~ 23 cm
识别： 繁殖羽头、颈、胸、腹均为锈红色，下腹及尾下覆羽白色具斑纹；背部具棕红色和黑色斑块。非繁殖羽上体为单调的灰褐色，具浅色羽缘，眉纹白色；下体白色，胸侧具模糊纵纹。飞行时可见白色的腰。幼鸟羽色暗淡，背具明显白色羽缘和深色次羽缘，头、颈、胸沾褐色具深色纵纹。
生境： 栖于沿海滩涂，也现于内陆湿地。
习性： 常集群活动，多与其他鹬类混群。
食性： 主要以甲壳类、软体动物、蠕虫及水生昆虫为食。

Calidris falcinellus

阔嘴鹬

Broad-billed Sandpiper

居留型： 旅鸟
常见度： ★★
级　别： 国二、VU

1	2	**3**	**4**	**5**	6	7	**8**	**9**	10	11	12

两型： 雌雄相似　　**体长：** 16 ~ 18 cm
识别： 喙长且粗壮，端部下弯，具明显的白色双眉纹。繁殖羽头、颈侧至胸腹侧沾黄褐色具深色斑纹，背灰褐色具白色和棕红色羽缘及黑色轴斑。非繁殖羽头及上体偏灰褐色，下体白色。飞行时，腰至尾中央黑色而两侧白色。幼鸟羽色暗淡沾黄褐色，上体白色和棕红色羽缘更明显，显斑驳。
生境： 栖于沿海滩涂湿地，偶见于内陆湿地。
习性： 常单只或集小群活动，动作缓慢，多用喙插入泥中探寻食物。
食性： 以甲壳类、软体动物、蠕虫及昆虫为食。

非繁殖羽（过渡阶段）
下弯
陆信 摄

幼鸟
蒲川 摄

非繁殖羽
白色眉纹
通常清晰
喙下弯

幼鸟
蒲川 摄

非繁殖羽（过渡阶段）
较宽，
部急弯

幼鸟
陆信 摄

Calidris tenuirostris

大滨鹬

Great Knot

居留型：旅鸟
常见度：★★
级　别：国二、EN

1	2	**3**	**4**	**5**	6	7	**8**	**9**	10	11	12

两型：雌雄相似　　**体长：**26 ~ 28 cm

识别：喙较长。繁殖羽头、颈密布黑褐色细纹，眉纹不明显；背灰褐色具深色轴斑及白色羽缘，肩羽具红褐色及黑色斑块；下体白色，胸部密布黑色斑，似胸带，两肋具黑色点斑。非繁殖羽上体淡灰褐色，背具暗色轴斑和浅色羽缘。飞行时可见腰白色。幼鸟羽色暗淡，上体白色羽缘更明显，胸、颈沾褐色，胸部点斑较密集。

生境：栖于海边泥滩和沙滩，迁徙季内陆湿地可见。

习性：常集群活动，多与其他鸻鹬混群迁徙。

食性：主要捕食甲壳类、软体动物，尤其双壳类。

Calidris canutus

红腹滨鹬

Red Knot

居留型：旅鸟
常见度：★★
级　别：三有、NT

1	2	3	**4**	**5**	6	**7**	**8**	**9**	**10**	11	12

两型：雌雄相似　　**体长：**23 ~ 25 cm

识别：繁殖羽头顶至后颈具细纹，颊、喉至上腹为橙红色，下腹部至尾下覆羽白色，胁及尾下覆羽具斑纹；上体灰褐色具橙红色及黑色斑块。非繁殖羽上体淡灰褐色，眉纹、下体白色，胸至胁具深色斑。飞行时可见腰白色具深色横纹。幼鸟头、颈及胸沾黄褐色，上体具白色羽缘及暗色次羽缘。

生境：栖于沿海滩涂，迁徙季也见于内陆浅水湿地。

习性：常集群活动。边走边觅食，常用喙插入泥中和沙中探寻食物。

食性：取食各种小型无脊椎动物。

Calidris pugnax

流苏鹬

Ruff

居留型：旅鸟
常见度：★
级　别：三有、LC

1	2	**3**	**4**	**5**	6	7	**8**	**9**	**10**	11	12

两型：雌雄二型

体长：♂26 ~ 32 cm　　♀20 ~ 26 cm

识别：喙较短。雄鸟繁殖羽颈周具蓬松状饰羽，颜色多变，可能为黑色、白色、栗色、棕色等，胸部多黑色斑块。雌鸟繁殖羽无饰羽，背灰褐色具黑色和棕色斑块，胸及两胁具深色斑纹。非繁殖羽上体灰褐色具浅色羽缘，胸及两胁斑纹模糊。幼鸟黄褐色浓，上体具更明显的浅色羽缘。

生境：栖于沼泽、草地、河流、湖泊、水塘等湿地。

习性：喜集群活动，常与其他鹬类混群。

食性：取食各种无脊椎动物、小鱼等。

非繁殖羽
陆信 摄

幼鸟
翼覆羽小、排
列整齐，具明
显白色羽缘

非繁殖羽
下体白色
胁具深色
箭头斑

幼鸟
翼覆羽小，具明
显白色羽缘
薄顺奇 摄

非繁殖羽（过渡阶段）
胸及两胁
斑纹模糊
沈海波 摄

幼鸟
颈长，体态
显高挑
汤正华 摄

Calidris acuminata

尖尾滨鹬

Sharp-tailed Sandpiper

居留型： 旅鸟
常见度： ★★★
级　别： 三有、VU

1	2	3	**4**	**5**	6	**7**	**8**	**9**	10	11	12

两型： 雌雄相似　　**体长：** 19 ~ 22 cm
识别： 繁殖羽头顶栗色具黑色细纵纹，白色眉纹及眼圈；背部具棕红色和白色的羽缘及黑色轴斑。颏至胸淡棕红色具黑色斑纹，腹以下白色，下胸及两肋具“V”形斑并延伸至尾下覆羽。非繁殖羽羽色变浅，背、颈及胸棕红色变淡，胸及肋的斑纹变细且稀。腰至尾中央黑色，两侧白色。幼鸟胸部沾皮黄色，两肋无“V”形斑。
生境： 偏好内陆各种类型的湿地。
习性： 常单独或集小群活动。
食性： 主要以昆虫为食，也吃贝类、螺类等。

孙海涛 摄

Calidris subminuta

长趾滨鹬

Long-toed Stint

居留型： 旅鸟
常见度： ★★★
级　别： 三有、LC

1	2	3	**4**	**5**	6	7	**8**	**9**	**10**	11	12

两型： 雌雄相似　　**体长：** 13 ~ 16 cm
识别： 似尖尾滨鹬，但体型比尖尾滨鹬小，脚的中趾较长，两肋无“V”形斑。繁殖羽上体具棕红和白色的羽缘及黑色轴斑；喉近白色，颈侧、胸侧沾黄褐色具黑褐色纵纹。非繁殖羽上体灰褐色，具黑色轴斑及浅色羽缘，颈、胸灰褐色具模糊暗色斑纹。腰至尾羽中央黑色，两侧白色。幼鸟羽色暗淡沾黄褐色，上体具明显的白色羽缘。
生境： 栖于稻田、池塘等内陆湿地。
习性： 单独或集小群活动，取食动作缓慢。
食性： 捕食螺贝、甲壳类、蠕虫及昆虫等。

沈海波 摄

Calidris temminckii

青脚滨鹬

Temminck's Stint

居留型： 旅鸟
常见度： ★★
级　别： 三有、LC

1	2	**3**	**4**	5	6	7	**8**	**9**	**10**	**11**	12

两型： 雌雄相似　　**体长：** 13 ~ 15 cm
识别： 喙短、略下弯，脚黄绿色，显短胖。繁殖羽头顶至胸暗灰褐色沾棕色，背灰褐色，肩羽具棕色斑、黑色次端斑及浅色羽缘。非繁殖羽头、胸及上体为单调的灰褐色，下体白色。飞行时腰至尾羽中央黑色，两侧白色。幼鸟羽色暗淡沾褐色，上体具明显的浅色羽缘。
生境： 栖于内陆淡水浅滩、水田及近海淡水湿地。
习性： 常集小群活动，靠视觉寻找食物，快速啄取。受惊时直接从地面快速起飞，成群作盘旋飞行。
食性： 以昆虫、蠕虫、甲壳类和螺贝类为食。

繁殖羽 陆信 摄

繁殖羽 陆信 摄

非繁殖羽 蒲川 摄

繁殖羽 王学辉 摄

非繁殖羽 王学辉 摄

幼鸟 胡晓峰 摄

Calidris ruficollis

红颈滨鹬

Red-necked Stint

居留型：旅鸟
常见度：★★★
级　别：三有、NT

1	2	3	**4**	**5**	6	7	**8**	**9**	**10**	11	12

两型：雌雄相似　　**体长：**13 ~ 16 cm

识别：喙短。繁殖羽头至颈栗红色，胸以下白色；背及肩羽具醒目黑色和栗红色的斑块。非繁殖羽上体为单调的淡灰褐色具暗色羽轴，眉纹白色，胸侧斑纹模糊。飞行时，腰至尾羽中央黑色，两侧白色。幼鸟头、颈沾浅褐色，背及肩羽具棕红色和白色的羽缘及明显的黑色轴斑。

生境：栖于沿海滩涂，亦见于淡水水体。

习性：常集群活动，快步行走，用喙不停地在泥滩啄食，有时也将喙插入泥中探寻食物。

食性：以昆虫、蠕虫、甲壳类和软体动物为食。

Calidris alba

三趾滨鹬

Sanderling

居留型：旅鸟
常见度：★
级　别：三有、LC

1	2	**3**	**4**	**5**	6	7	**8**	**9**	**10**	11	12

两型：雌雄相似　　**体长：**20 ~ 21 cm

识别：喙短直，后趾消失，仅有前三趾。繁殖羽头、颈至胸红褐色，具黑色斑纹或斑点；上体具红褐色和黑色杂斑。非繁殖羽羽色极淡，上体淡灰色具暗色羽轴，喙基、颊、颏、喉至下体白色。飞行时翼上可见白色宽翼带。幼鸟上体羽色暗淡，背及肩羽具醒目的黑色轴斑和白色羽缘。

生境：栖于沿海滩涂，极少见于淡水湿地。

习性：常集小群活动，多快速奔跑于水线附近觅食。

食性：主要捕食贝类、虾蟹、沙蚕、昆虫等。

鸟类迁徙

鸟类迁徙是指鸟类在一年中随着季节的变化，定期地沿相对稳定的路线，在繁殖地和越冬地之间作远距离的飞行。鸟类迁徙通常是一年两次，一次在春季，一次在秋季。春迁大多是从南向北，即由越冬地飞往繁殖地；秋迁大多是由北向南，即繁殖地飞往越冬地；也有少部分鸟类沿东西向迁徙。

世界上有超过 1 万种鸟类，其中约 3/4 的鸟类有迁徙行为。全球主要有九大候鸟迁飞通道，经过中国境内的 4 个：东亚－澳大利西亚迁飞通道、西亚－东非迁飞通道、西太平洋迁飞通道、中亚迁飞通道，其中东亚－澳大利西亚迁飞通道是 9 个迁飞区中拥有候鸟种类和数量最多，也是最拥挤的一个迁徙通道。

迁徙中的鹬鹬

鸟类迁徙原因

迁徙鸟类从孵化出壳就具有迁徙本能，随着春、秋季日照长短和太阳高度角的变化，它们的内心会出现躁动，被鸟类学家称为“迁徙兴奋”，这种躁动能让它们提前储备食物能量，以保证它们能及时并顺利迁飞。

总之，鸟类的迁徙是一种十分壮观和奇妙的行为。迄今为止，鸟类迁徙仍然是自然界中的不解之谜，可能的原因有：生存栖息、繁衍后代、适应环境变化以及应对气候变化等需要。

江苏处于东亚－澳大利西亚鸟类迁飞通道上，迁徙鸟类主要是春、秋两季的过境鸟、夏候鸟（繁殖鸟）和冬候鸟。其中水鸟常集大群长距离跨越式迁徙，而林鸟则常集小群地毯式迁徙。春迁鸟每年的3—5月份从南向北迁徙；秋迁鸟每年的8—12月份从北往南迁徙；泰州夏候鸟主要有水雉、灰翅浮鸥、灰头麦鸡、黑翅长脚鹬等，冬候鸟主要有白琵鹭、鹤鹬、反嘴鹬、凤头麦鸡、绿翅鸭、斑嘴鸭、绿头鸭、东方白鹳等。

许多鸟类迁徙时会组成人字队列

Scolopax rusticola

丘鹬

Eurasian Woodcock

居留型：冬候鸟
常见度：★
级　别：三有、LC

1	2	3	4	5	6	7	8	9	10	11	12

两型： 雌雄相似　　**体长：** 33 ~ 35 cm

识别： 似沙锥，但腿短、体胖，喙较短。头顶至枕部具数条黑色宽横斑，过眼纹黑色，头、颈黄褐色。上体红褐色密布深色及浅色横纹，肩、背具不规则黑色斑块和白色带状纹。胸腹皮黄色密布深色横纹。

生境： 栖于林下植被丰富的树林。

习性： 白天隐蔽，夜晚于开阔地，常将嘴插入潮湿泥土中探觅食物。

食性： 主要捕食蚯蚓和昆虫幼虫等无脊椎动物，偶食植物。

迁徙鸟类定向之谜

迁徙鸟类是如何在每年的春秋两次远距离飞行中准确无误地飞到目的地，且能沿着相对固定的路线在繁殖地和越冬地之间进行长距离的往返，一直困扰着鸟类科学家们。鸟类科学家们对鸟类迁徙定向做了很多研究，目前公认的解释理论是：鸟类在长距离迁徙中会利用环境信息定向，包括地球磁场、太阳、星象、信风、地标等。鹤和雁类一些鸟会跟随父母（亲鸟）进行首次南迁，至越冬地，次年春季再一起返回繁殖地，它们从亲鸟那里学到了迁徙路线，但大多数其他鸟类并不靠亲鸟领路。

黄海湿地迁徙中的鸻鹬群

鸻鹬种类多，怎么能辨认？

野外观察鸻鹬对初学者而言颇具挑战性，但只要理清辨识要点便可事半功倍。除特征鲜明的种类外，我们观察它们时要避免直接去看羽色（不过春夏季的繁殖羽色确实能作为很好的辨识依据）。

辨识鸻鹬时，建议先从整体特征入手，再关注细节。整体特征包括鸟的体型大小、体态，以及喙的形态和长度。细节方面，可观察鸟的脚色、喙色、眉纹和特殊斑纹。

鸻类通常具有细短的喙、短颈和短腿；而鹬类（如塍鹬、杓鹬、鹬属鸟类等）则拥有长喙、长颈和长腿；滨鹬则介于这两类之间。

鸻鹬的体型大致可分为小型（13 ~ 16 cm，如红颈滨鹬）、中型（18 ~ 22 cm，如尖尾滨鹬）和大型（25 ~ 28 cm，如大滨鹬）。此外，还有更大型的青脚鹬、塍鹬、杓鹬等。

体态是整体感觉，鸻类显得短胖，鹬类则显得修长，这一点一目了然。体态取决于身体各部位的形态和站姿。例如，头小颈长的长趾滨鹬喜欢挺直身子，因此相比其他小型滨鹬显得更高挑。

观察鸻鹬的喙长时，需注意喙长与头长（从喙基至后颈）的比例。鸻类的喙通常只有头长的一半甚至更短，小型滨鹬的喙略短于头长，中型滨鹬如三趾滨鹬的喙约等于头长，黑腹滨鹬的喙则明显长于头。大型滨鹬如大滨鹬的喙略长于头，而我们通常所说的“鹬”类，其喙都明显长于头。

Gallinago gallinago

扇尾沙锥

Common Snipe

居留型： 冬候鸟
常见度： ★★★
级　别： 三有、LC

1	**2**	**3**	**4**	**5**	6	7	**8**	**9**	**10**	**11**	**12**

两型： 雌雄相似　　**体长：** 25 ~ 27 cm
识别： 喙长而直，约为头长的 2 倍。背及肩羽黑褐色，两侧各具皮黄色粗纵带，肩羽羽缘皮黄色，外侧羽缘粗且明显，内侧窄而几乎看不见。颈、胸黄褐色具深褐色纵斑，腹以下白色，两胁具深色横纹。飞行时，次级飞羽后缘白色，脚伸出尾端，翼下具大面积的白色。
生境： 栖于沼泽、水田及河流、湖泊等岸边草丛中。
习性： 常单独或集小群活动。常躲在草丛中，被惊扰时突然飞出，飞行路径呈折线形。
食性： 取食蠕虫、昆虫、螺、小鱼和植物种子。

王学辉 摄

Gallinago megala

大沙锥

Swinhoe's Snipe

居留型： 旅鸟
常见度： ★★
级　别： 三有、LC

1	2	3	**4**	**5**	6	7	**8**	**9**	10	11	12

两型： 雌雄相似　　**体长：** 27 ~ 29 cm
识别： 羽色似扇尾沙锥，喙长约为头长 1.5 倍。肩羽羽缘皮黄色，外侧羽缘稍宽，内侧较窄；尾羽展开时，可见外侧尾羽比中央尾羽细，外侧尾羽前端黑白相间。飞行时，次级飞羽后缘白色不明显，脚伸出尾较少，翼下密布深色横纹。
生境： 栖于开阔的草地、植物茂盛的河边、沼泽、水田等环境。
习性： 常单独活动，多于晨昏活动，飞行慢而沉重，惊飞后常作短距离直线飞行即下降。
食性： 取食蚯蚓、昆虫及螺贝类。

刘宇轩 摄

Gallinago stenura

针尾沙锥

Pintail Snipe

居留型： 旅鸟
常见度： ★★
级　别： 三有、LC

1	2	3	**4**	**5**	6	7	**8**	**9**	10	11	12

两型： 雌雄相似　　**体长：** 25 ~ 27 cm
识别： 羽色似扇尾沙锥，喙长约为头长 1.5 倍。肩羽羽缘皮黄色，外侧羽缘与内侧羽缘几乎等宽。尾羽较短，停栖时，尾羽仅超出翼尖少许；尾羽展开时，外侧尾羽呈针状。飞行时，次级飞羽后缘白色不明显，脚伸出尾多，是泰州沙锥类中脚伸出尾最长的，翼下密布深色横纹。
生境： 栖于草地、沼泽、岸边等湿地。
习性： 常单独或集小群活动，多于晨昏活动，被惊扰时飞行路径呈折线形。
食性： 以昆虫、蠕虫和螺等无脊椎动物为食。

刘宇轩 摄

成鸟

石俊祥 摄

成鸟

薄顺奇 摄

成鸟

王子昊 摄

成鸟

胡恺 摄

成鸟

严浩 摄

成鸟

胡恺 摄

Arenaria interpres

翻石鹬

Ruddy Turnstone

居留型： 旅鸟
常见度： ★★
级　别： 国二、NT

1	2	3	**4**	**5**	6	7	**8**	**9**	**10**	11	12

两型： 雌雄略异　　**体长：** 21 ~ 26 cm
识别： 喙黑色，短而粗壮，呈楔形。雄繁殖羽头偏白色，头顶具黑色纵纹，上体红褐色，具黑色斑块，喙基侧面和眼下黑带延至前颈和胸部的黑斑，喉及腹以下白色。雌鸟繁殖羽似雄鸟，羽色较暗淡，头、颈白色部分沾棕褐色。非繁殖羽羽色暗淡，上体深褐色，眼下黑斑消退显斑驳。幼鸟羽色暗淡，上体具明显浅色羽缘。
生境： 栖于浅滩、堤岸、河口等地。
习性： 常单独或集小群活动。喜翻动石块觅食。
食性： 捕食螃蟹、昆虫、贝类、蠕虫及小鱼。

雄鸟繁殖羽
孙海涛 摄

Actitis hypoleucos

矶鹬

Common Sandpiper

居留型： 冬候鸟 / 旅鸟
常见度： ★★★
级　别： 三有、LC

1	**2**	**3**	**4**	**5**	6	**7**	**8**	**9**	**10**	**11**	**12**

两型： 雌雄相似　　**体长：** 19 ~ 21 cm
识别： 成鸟翼前具一白色突起，上体橄榄褐色，具白色眼圈。繁殖羽上体具深色斑纹，头、颈及胸具深色细纹，下体白色。非繁殖羽胸部细纵纹模糊。飞行时可见白色翼带，翼下覆羽白色具数条深色条纹。幼鸟上体具明显的皮黄色羽缘，尤其是肩羽及翼覆羽。
生境： 出现于各种水滨湿地。
习性： 常单独活动，沿水边快速行走觅食。
食性： 主要以昆虫为食，也吃螺、蠕虫、小鱼和蝌蚪等。

繁殖羽
王学辉 摄

Xenus cinereus

翘嘴鹬

Terek Sandpiper

居留型： 旅鸟
常见度： ★
级　别： 三有、LC

1	2	3	**4**	**5**	6	7	**8**	**9**	**10**	11	12

两型： 雌雄相似　　**体长：** 22 ~ 25 cm
识别： 喙长并上翘。繁殖羽头、颈、胸淡褐色具黑褐色细纹，上体灰褐色，肩部具黑色粗条纹，腹以下白色。非繁殖羽头、颈、胸纵纹颜色变浅且不清晰，肩部的黑粗斑纹变细或不明显。幼鸟上体偏浅棕色具明显的浅色羽缘。
生境： 栖于潮间带、沼泽及放水后的鱼塘。
习性： 常单独活动。快速跑动觅食，用喙在软泥、沙地、水面啄食，常在水边将猎物洗过后吞食。
食性： 捕食昆虫、蠕虫、螃蟹、贝类等。

繁殖羽
卡利得 摄

雌鸟繁殖羽
孙海涛 摄

幼鸟
朱迎春 摄

非繁殖羽
胡晓峰 摄

幼鸟
吴建华 摄

非繁殖羽
陆信 摄

繁殖羽
朱迎春 摄

Tringa ochropus
白腰草鹬
Green Sandpiper

居留型：冬候鸟
常见度：★★★
级　别：三有、LC

1	2	3	4	5	6	7	8	9	10	11	12

两型： 雌雄相似　　**体长：** 21 ~ 24 cm
识别： 白色短眉纹和白色眼圈相连。繁殖羽头、颈、胸密布黑褐色纵纹，上体深绿褐色密布白色小点斑，下体白色。非繁殖羽羽色变浅，头、颈、胸纵纹不明显，上体较纯净，白色点斑变小且少。飞行时无白色翼带，腰及尾白色，尾具黑色横斑。幼鸟上体白色点斑沾褐色，头、颈、胸纵纹模糊。
生境： 栖于水塘、沼泽和流水缓慢的河流。
习性： 常单独活动，多在水草丰富的水边活动，尾常上下颤动。
食性： 捕食昆虫、蚯蚓、螺、虾及小鱼等。

Tringa glareola
林鹬
Wood Sandpiper

居留型：旅鸟
常见度：★★★
级　别：三有、LC

1	2	3	4	5	6	7	8	9	10	11	12

两型： 雌雄相似　　**体长：** 19 ~ 23 cm
识别： 喙短而直，脚较长。繁殖羽头、颈、胸密布黑褐色纵纹，下体白色；上体黑褐色密布白色碎斑。非繁殖羽头、颈、胸纵纹模糊，上体白色碎斑变少。飞行时无白色翼带，腰至尾羽白色，尾羽具深色横纹。幼鸟胸前纵纹模糊，上体白色斑点偏黄褐色，三级飞羽羽缘具黄褐色三角斑。
生境： 偏好内陆湿地。
习性： 集小群活动。常将喙插入泥中或水中来回扫动，边走边觅食也在地面或植物上直接啄食。
食性： 主要捕食昆虫，也吃螺、蠕虫、小鱼等。

● 鸻鹬类的觅食

觅食是鸟类除了繁殖以外的另一项最重要的任务。鸟类的大部分生理结构都与食物选择和觅食行为有关，如不同的翼形、不同的喙形、不同的脚形等，由于这些差异存在，每种鸟都有其特别的觅食方式。

喙是鸻鹬类用来捕捉和衔取食物的器官，为减少食物竞争和空间竞争压力，鸻鹬类形成了长短不一、形状各异的喙。鸻类鸟的喙整体较短、直、粗壮，主要觅食泥滩表面或浅表层土壤中蚯蚓、昆虫、沙蚕、软体动物等；鹬类如大杓鹬、斑尾塍鹬、鹤鹬等喙较长，它们能将喙插入深层泥沙中，从而获得深层的螺类、贝类、蟹类等食物；滨鹬类喙中等长，可以取食较浅泥沙中的水生昆虫、软体动物等。

鸻鹬类在长期的进化过程中，通过喙的不同形状的改变，形成了自身特有的生态位，对滩涂有限的食物资源，进行了合理地分配和利用，与滩涂上的其他生物，实现了共存。

凤头麦鸡觅食

非繁殖羽
王学辉 摄

非繁殖羽
腰白色
尾端具
黑色横斑

幼鸟
白色眉纹延
伸至眼后
上体白色斑
点偏黄褐色
胸、颈纵纹模
糊不清晰
石俊祥 摄

繁殖羽
胸、颈具细密
的黑褐色纵纹
陆信 摄

东方鸻觅食

金鸻觅食

Tringa nebularia

青脚鹬

Common Greenshank

居留型： 冬候鸟 / 旅鸟

常见度： ★★★

级　别： 三有、LC

1	2	3	4	5	6	7	8	9	10	11	12

两型： 雌雄相似　　**体长：** 30 ~ 35 cm

识别： 喙较粗壮，略上翘。繁殖羽头、颈、胸灰白色具黑褐色纵纹且延伸至胁部，下体白色；上体灰褐色具黑褐色轴斑及浅色羽缘。非繁殖羽喉、前颈至下体白色，仅胸侧具部分深色斑纹，上体羽色较淡具灰白色细羽缘。腰白色延伸至背部，尾白色具细横斑。幼鸟上体偏褐色，具明显淡色羽缘，颈侧和胸侧纵纹偏褐色。

生境： 栖于沼泽、河流、湖泊、池塘等多种生境。

习性： 单独或集小群活动，在浅水中边走边觅食。

食性： 主要捕食各种无脊椎动物、鱼类。

Tringa stagnatilis

泽鹬

Marsh Sandpiper

居留型： 旅鸟

常见度： ★★★

级　别： 三有、LC

1	2	3	4	5	6	7	8	9	10	11	12

两型： 雌雄相似　　**体长：** 22 ~ 26 cm

识别： 喙细长，直而尖。繁殖羽头、颈密布细纵纹，下体白色，胸侧及两胁具黑色斑纹；上体灰褐色具黑色横斑。非繁殖羽上体较纯净、淡灰褐色具白色羽缘，胸侧残留部分暗色纵纹。飞行时腰白色且延伸至背，尾羽白色具暗色细纹。幼鸟上体偏褐色，具明显的浅色羽缘，翼覆羽较小，排列整齐。

生境： 栖于水塘、沼泽和湖泊等浅水区域。

习性： 常集群活动，在浅水中边走边觅食。

食性： 捕食昆虫、小鱼、螃蟹、螺等。

8 种相近鹬类的辨识

矶鹬 ① 喙长约等于头长，较粗；② 肩部具一白斑；③ 白色眼圈及黑色过眼纹明显。

翘嘴鹬 ① 喙长而上翘。

白腰草鹬 ① 喙略长于头，较粗；② 上体绿褐色较纯净，散布白点；③ 白色眼圈与不过眼的眉纹相连，眼先黑色。

林鹬 ① 喙长约等于头长，较粗；② 上体黑褐色非常斑驳；③ 眉纹过眼，眼先黑色。

青脚鹬 ① 喙长于头，粗而略上翘；② 上体灰褐色杂有斑纹；③ 脚黄绿色。

泽鹬 ① 喙长于头，细；② 繁殖羽上体灰褐色杂有黑斑，非繁殖羽上体淡灰褐色、较纯净；③ 眉纹过眼；④ 脚黄绿色。

鹤鹬 ① 喙长于头，端部下弯，下喙基红色；② 脚橙红色。

红脚鹬 ① 喙长于头，喙基红色，较鹤鹬粗短 ② 脚橙红色。

沈海波 摄

孙海涛 摄

王学辉 摄

石俊祥 摄

Tringa erythropus

鹤鹬

Spotted Redshank

居留型： 旅鸟 / 冬候鸟
常见度： ★★★
级　别： 三有、LC

1	2	3	4	5	6	7	8	9	10	11	12

两型： 雌雄相似　　**体长：** 29 ~ 32 cm

识别： 喙较细长、黑色，下喙基部红色，脚橙红色。繁殖羽整体黑色密布白色点斑及白色羽缘，具白色眼圈但不闭合。非繁殖羽上体灰褐色具白色点斑，下体近白色，胁具暗色横斑。飞行时下背至腰及翼下覆羽白色，脚伸出尾端较长。幼鸟褐色较浓，背具浅色羽缘，体侧密布暗色斑纹、显脏。

生境： 栖于水塘、沼泽、河口。

习性： 常集群活动，取食方式有啄食、泥水中探寻、用喙在水面左右扫动等。

食性： 捕食昆虫、螺贝类、甲壳类、小鱼等。

郝夏宁 摄

沈海波 摄

Tringa totanus

红脚鹬

Common Redshank

居留型： 旅鸟
常见度： ★★
级　别： 三有、LC

1	2	3	4	5	6	7	8	9	10	11	12

两型： 雌雄相似　　**体长：** 27 ~ 29 cm

识别： 繁殖羽头、颈、胸至腹部密布深灰褐色纵纹，下体白色；背灰褐色具暗色轴斑和横斑。非繁殖羽背灰褐色，头、颈至胸纵纹变细且模糊。飞行时可见翼后缘具宽阔白斑，下背至腰白色，脚伸出尾端比鹤鹬短。幼鸟褐色较浓，三级飞羽具淡色三角斑。

生境： 栖于海边泥滩、江河、沼泽、水塘等地。

习性： 常单独或集小群活动。与其他涉禽混群，喜在浅水边走边觅食。

食性： 捕食昆虫、螺贝类、甲壳类等，偶吃小鱼。

孙海涛 摄

非繁殖羽
王学辉 摄

非繁殖羽
翼后缘无
纯白色
薄顺奇 摄

繁殖羽
沈海波 摄

繁殖羽
颈、胸、腹
密布斑纹
陆信 摄

繁殖羽
翼后缘白色
明显

Ciconia boyciana

东方白鹳

Oriental Stork

居留型： 冬候鸟
常见度： ★★★
级　别： 国一、EN

1	2	3	4	5	6	7	8	9	10	11	12

两型： 雌雄相似　　**体长：** 110 ~ 128 cm
识别： 喙黑色，粗壮，脚红色。眼周裸皮及眼先朱红色。除飞羽、大覆羽、初级覆羽黑色外，其他体羽为白色，飞行时黑色飞羽与白色体羽对比明显。幼鸟喙短、红褐色。
生境： 栖于沼泽、湖泊、鱼塘等浅水开阔湿地。
习性： 常成对或集群，多在地面活动，有时在空中缓慢飞翔、盘旋。不鸣叫，通过敲击上下喙发声。泰州春季有繁殖记录。
食性： 主要捕食鱼类，也捕食其他小型动物，如昆虫、蛙、蛇、雏鸟和鼠。

成鸟

孙海涛　摄

左幼鸟右成鸟

孙海涛　摄

●东方白鹳的繁殖习性

东方白鹳全球种群数量约 9 000 只，在我国中东部湿地均有分布，以捕食昆虫、鱼类、两栖类和小型哺乳类为食。传统的繁殖地主要位于我国东北湿地及俄罗斯远东地区，主要栖息于开阔而偏僻的平原、草地和沼泽地带，秋季常集群向南迁徙，在我国长江中下游湿地越冬。近几年，随着气候变化和人类活动的影响，长江中下游区域开始出现东方白鹳繁殖种群，基本集中在高压输电线铁塔上，目前扬州约 100 巢，盐城约 100 巢，南通 2 巢，泰州 1 巢。

东方白鹳的繁殖期在 4—6 月，每窝产卵 4~5 枚，24~48 小时产一枚卵，孵化期约 30 天。东方白鹳雏鸟属晚成鸟，需要待在巢中由亲鸟喂食，亲鸟一般会到巢穴附近的湿地或养殖塘捕食，飞回巢后将食物从喉囊中吐出来，由幼鸟自行取食，或直接喂到幼鸟的嘴里。在抚育幼鸟期间，亲鸟会不间断地衔树枝回来加固鸟巢，因为随着幼鸟长大，它们在巢中的活动空间需求也会增大。当幼鸟体型长大到接近亲鸟后，会在巢中不断地练习飞行，包括猛烈地扇动翅膀或在巢中扇动翅膀并向上跃起，后随亲鸟下地捕食，长大后独立生活，亲鸟通常下一年继续回原巢繁殖。有的巢穴会跟喜鹊的巢穴在一起，常被喜鹊骚扰，尤其是幼鸟刚会飞行时，被喜鹊骚扰受惊后，幼鸟突然收拢翅膀并从空中掉下来，导致幼鸟受伤、翅膀或腿部发生骨折。

东方白鹳加固巢穴

东方白鹳幼鸟在巢中练习飞行

Plegadis falcinellus

彩鹮

Glossy Ibis

居留型： 旅鸟
常见度： ★
级　别： 国一、LC

1	2	3	4	5	6	7	8	9	10	11	12

两型： 雌雄相似　　**体长：** 49 ~ 66 cm
识别： 喙紫褐色、细长，端部下弯。繁殖羽头、颈至上背及上胸栗红色，两翼具绿色和紫色金属光泽，下背至尾上覆羽蓝绿色，尾羽墨绿色。非繁殖羽羽色暗淡，头、颈具细密的白色细纵纹。
生境： 栖于湖泊、河流、水塘、稻田等湿地。
习性： 常单独或集小群活动于湿地。
食性： 主要捕食鱼类、小型水生动物。

Platalea leucorodia

白琵鹭

Eurasian Spoonbill

居留型： 冬候鸟
常见度： ★★★
级　别： 国二、LC

1	2	3	4	5	6	7	8	9	10	11	12

两型： 雌雄相似　　**体长：** 80 ~ 93 cm
识别： 喙长、直且扁平，呈黑色，端部黄色且扩大。繁殖羽头后具黄色发状丝冠羽，颈下具黄色环带。非繁殖羽整体白色，头后无长的发状饰羽。幼鸟似非繁殖羽，但喙大部分红褐色，飞羽沾黑褐色。
生境： 栖于开阔的水塘、湖泊、河流等浅水湿地。
习性： 集小群或大群活动，休息时将喙插入翅膀下方，觅食时一边走一边微张着嘴在水中左右扫荡，碰到猎物便迅速夹住。
食性： 主要捕食各种鱼虾类及小型水生动物。

Platalea minor

黑脸琵鹭

Black-faced Spoonbill

居留型： 旅鸟
常见度： ★
级　别： 国一、EN

1	2	3	4	5	6	7	8	9	10	11	12

两型： 雌雄相似　　**体长：** 60 ~ 78 cm
识别： 似白琵鹭但体型较小，喙全黑，眼周黑色，眼先裸皮黄色。繁殖羽头后具黄色发状丝冠羽，颈下具黄色环带。非繁殖羽整体白色，头后无长的发状饰羽。幼鸟似非繁殖羽，但喙颜色偏浅呈红褐色，飞羽沾黑褐色。
生境： 栖于开阔的浅水湿地、鱼塘和涨落潮时的水线。
习性： 喜集小群活动，常与白琵鹭混群。觅食时一边走一边微张着嘴在水中左右扫荡。
食性： 主要捕食各种鱼类及小型水生动物。

非繁殖羽
整体黑褐色
詹凌雪 摄

成鸟

幼鸟
褐色
孙海涛 摄

幼鸟
羽毛沾黑褐色
孙海涛 摄

繁殖羽
眼周黑色
杨勇 摄

幼鸟
喙红褐色
羽毛沾黑褐色
王学辉 摄

Ixobrychus sinensis

黄斑苇鳽

Yellow Bittern

居留型：夏候鸟
常见度：★★★
级　别：三有、LC

1	2	3	**4**	**5**	**6**	**7**	**8**	**9**	10	11	12

两型： 雌雄二型　　**体长：** 39 ~ 40 cm
识别： 喙黄褐色。雄鸟顶冠近黑色，前颈至胸部具淡黄色、模糊的纵纹，下体皮黄色；上体红褐色，飞羽和尾羽黑色，飞行时黑色翼缘非常明显。雌鸟头顶黑褐色，上体羽色较深，具明显的浅色羽缘，前颈至胸的淡褐色纵纹明显比雄鸟清晰。幼鸟整体黄褐色，全身具暗褐色斑纹，喙颜色偏浅。
生境： 栖于水生植物丰富的湿地，如芦苇丛。
习性： 常单独活动。多在浮叶植物上觅食。
食性： 捕食小鱼虾、蛙类以及水生昆虫。
别名： 黄苇鳽

孙海涛　摄

Ixobrychus cinnamomeus

栗苇鳽

Cinnamon Bittern

居留型：夏候鸟
常见度：★★
级　别：三有、LC

1	2	3	**4**	**5**	**6**	**7**	**8**	**9**	10	11	12

两型： 雌雄二型　　**体长：** 39 ~ 40 cm
识别： 喙黄褐色；虹膜黄色，瞳孔狭长且与眼后方连接。雄鸟头、后颈至尾栗红色，下体棕黄色。雌鸟似雄鸟，但羽色暗淡，背和翼上覆羽具明显的白色斑点，上体显斑驳；颈至胸具数条明显的深褐色纵纹。幼鸟似雌鸟，头顶及上体的白色羽缘更明显。
生境： 栖于水生植物丰富的湿地，如芦苇丛、稻田和荷池。
习性： 常单独活动，喜在水边漫步觅食。
食性： 主要捕食小鱼虾、蛙类以及水生昆虫。

朱迎春　摄

Ixobrychus eurhythmus

紫背苇鳽

Schrenck's Bittern

居留型：夏候鸟
常见度：★
级　别：三有、LC

1	2	3	4	**5**	**6**	**7**	**8**	**9**	**10**	11	12

两型： 雌雄二型　　**体长：** 39 ~ 40 cm
识别： 上喙黑褐色，下喙浅黄色；虹膜黄色，瞳孔狭长且与眼后方连接。雄鸟头顶黑褐色，脸颊、后颈至尾紫栗色，翼覆羽浅灰黄色，飞羽黑色；下体皮黄色，胸部纵纹不明显。雌鸟前颈至胸具数条明显的紫栗色纵纹，背及翼覆羽密布白色斑点。幼鸟似雌鸟，颈及上体具明显浅色羽缘；雄亚成翼上覆羽浅色羽缘不明显。
生境： 栖于临水的树林或水生植物丰富的湿地。
习性： 常单独活动，喜在水边漫步觅食。
食性： 主要捕食小鱼虾、蛙类等各种水生动物。

薄顺奇　摄

雌鸟
上体红褐色具
浅色羽缘
颈部纵纹比
雄鸟清晰
吴建华 摄

幼鸟
整体黄褐色
孙海涛 摄

雄鸟
朱迎春 摄

雌鸟
颈、胸具明显
深色纵纹
杨勇 摄

雌鸟
具明显白色
斑点

雄亚成
胸部具
黄褐色纵纹
上体具浅色羽
缘，但翼上覆
羽浅色羽缘不
明显
飞羽黑色
朱迎春 摄

Ixobrychus flavicollis

黑苇鳽

Black Bittern

居留型：夏候鸟
常见度：★
级　别：三有、LC

1	2	3	4	**5**	**6**	**7**	**8**	**9**	10	11	12

两型：雌雄二型　　**体长：**49 ~ 59 cm

识别：喙黑色，虹膜红褐色。雄鸟头顶至尾羽及两翼青黑色，颈侧黄色，前颈至胸具红褐色、黑色和白色相间的纵纹。雌鸟似雄鸟，但羽色偏暗褐色。幼鸟似雌鸟，上体具浅色鳞状羽缘。

生境：栖于水生植物茂密稻田、沼泽和湖泊。

习性：单独或成对活动，性羞怯，白天喜在植物茂密缠结的沼泽地，夜晚飞至其他地点进食。

食性：主要捕食鱼、虾、蛙类以及昆虫。

别名：黑鳽

Botaurus stellaris

大麻鳽

Eurasian Bittern

居留型：冬候鸟
常见度：★★
级　别：三有、LC

1	**2**	**3**	**4**	5	6	7	8	9	**10**	**11**	**12**

两型：雌雄相似　　**体长：**69 ~ 81 cm

识别：喙黄褐色，体型较粗壮，整体黄褐色，上体遍布黑褐色的粗纵纹。虹膜黄色，额、头顶至枕部黑褐色，具显著的黑色髭纹。下体皮黄色，喉至胸具黑褐色纵纹。

生境：栖于水生植物茂密的湿地，尤喜芦苇丛。

习性：常单独活动，发现危险时常喙朝天，呆住不动，模拟芦苇。

食性：主要捕食鱼、虾、蛙类及水生昆虫等。

鹭类捕食，招式繁多

鹭类是一种广泛分布于全球各地的鸟类，它们一般在靠近水域的环境活动，是典型的涉禽。鹭科鸟类的觅食行为多种多样，展现出了它们灵巧的捕食技能。

依附觅食　牛背鹭和牛存在互利共生的依附关系。牛背鹭常站在牛背上，捕食牛背上的寄生虫或牛走动惊起的昆虫，或成群跟在农耕的拖拉机后面，捕食那些翻耕出来的昆虫、蚯蚓等生物，这种捕食非常高效。

慢步行觅食　一些鹭类喜在浅水区域，缓慢地在水中行走搜寻食物，白鹭还会用脚在水中不停地抖动，以此惊出并探知猎物的位置，它们甚至还会在琵鹭旁边等待机会，捡拾遗漏的猎物。

站立式捕食　长嘴、长脚、长脖子的鹭鸟通

牛背鹭站在牛背上，伺机捕食昆虫

常站在水里，会利用它们像弹簧一般灵活的长脖子和尖锐的嘴迅速发起攻击并捕捉猎物。比如被称为“长脖老等”的苍鹭，是一种稳定性极佳的鸟类，不论觅食、行走都始终保持不慌不忙。严冬时节常可以看到它长时间站立在浅水中保持不动，耐心等待猎物的靠近，苍鹭甚至会捕食兔子、蛇等小型动物。

静待式捕食 脖子较短的夜鹭，喜欢站在水边或树枝上观察猎物，一旦发现目标，便会迅速冲入水中或扑向猎物。有时，它们也会在水面上飞翔，寻找猎物的踪迹。

诱饵捕食 绿鹭还会用面包屑、小虫、浆果甚至树叶做饵，置于水面，然后安静等待鱼儿上钩。

伞式捕食 黑鹭用自己的黑色翅膀在水面围成一个罩子，像一把雨伞罩在水面上，以此来制造阴凉，吸引鱼类靠近，趁机捕食。

被戏称为“长脖老等”的苍鹭

Ardeola bacchus

池鹭

Chinese Pond Heron

居留型： 夏候鸟
常见度： ★★★★
级　别： 三有、LC

1	2	3	4	5	6	7	8	9	10	11	12

两型： 雌雄相似　　**体长：** 42 ~ 52 cm

识别： 喙黄色，端部黑色。虹膜黄色。繁殖羽头、颈、胸栗红色，头后具栗红色饰羽，背部蓝黑色蓑羽延伸至尾端。下体、翼及尾羽白色，飞行时与黑色背对比明显。非繁殖羽头、颈、胸皮黄色密布深褐色纵纹，喉及下体白色，背部深褐色。幼鸟似非繁殖羽，但白色翼夹杂褐色斑。

生境： 栖于池塘、沼泽湿地、近水域的树林。

习性： 常单独活动，性胆大不畏人。营巢于水域附近的高大树上，也常与其他鹭类一起营巢。

食性： 主要捕食蛙类、鱼类及水生昆虫等。

Butorides striata

绿鹭

Green-backed Heron

居留型： 夏候鸟
常见度： ★★
级　别： 三有、LC

1	2	3	4	5	6	7	8	9	10	11	12

两型： 雌雄相似　　**体长：** 35 ~ 48 cm

识别： 喙黑色，下喙黄绿色，眼先黄绿色。虹膜黄色。成鸟头顶和长冠羽黑色，脸颊、颈和上体蓝灰色，翼上具白色羽缘；下体淡蓝灰，中央具白色纵纹。幼鸟整体黄褐色，颊、颈、胸及腹多纵纹，翼具明显的浅色羽缘和白色点状斑。

生境： 栖于池塘、湖泊、河流、林缘和灌木草丛等隐秘处。

习性： 常单独活动，性胆小畏人。

食性： 主要以鱼类为食，也捕食甲壳类、蛙类及昆虫。

Nycticorax nycticorax

夜鹭

Black-crowned Night-heron

居留型： 夏候鸟 / 留鸟
常见度： ★★★★★
级　别： 三有、LC

1	2	3	4	5	6	7	8	9	10	11	12

两型： 雌雄相似　　**体长：** 58 ~ 65 cm

识别： 成鸟喙黑色，虹膜红色；头顶至背蓝黑色，翼及尾羽灰色，其他体羽均为灰白色；枕部向后伸出 2~3 根辫状白色饰羽。幼鸟虹膜黄色，喉、颈至胸密布暗褐色纵纹，上体暗褐色具浅色水滴状斑点。

生境： 栖于河流、湖泊、水渠等湿地。

习性： 常单独或集小群活动。常缩颈长时间站立在水中树桩或树枝上等待猎物，昼夜均可捕食。

食性： 捕食蛙类、鱼类、虾、水生昆虫。

幼鸟
背部深褐色
白色翼夹杂
褐色斑
孙海涛 摄

育雏
吴建华 摄

幼鸟
整体黄褐色，翼
上具白色点斑
吴建华 摄

成鸟
薄顺奇 摄

幼鸟
翼上斑纹成水滴状
孙海涛 摄

亚成鸟
孙海涛 摄

Bubulcus coromandus

牛背鹭

Cattle Egret

居留型： 夏候鸟
常见度： ★★★★
级　别： 三有、NR

1	2	3	**4**	**5**	**6**	**7**	**8**	**9**	**10**	11	12

两型： 雌雄相似　**体长：** 46 ~ 56 cm
识别： 喙、颈比白鹭显粗短。繁殖羽头、颈、胸及背部中央的蓑羽为橙黄色，其余体羽纯白色，喙和脚为鲜艳的橙红色。非繁殖羽整体白色，喙黄色，脚黑色。
生境： 栖于稻田、草地和水滨湿地。
习性： 常集成小群活动。性活跃，不畏人，经常跟随牛及耕车觅食。
食性： 主要捕食昆虫、蚯蚓、蜘蛛，偶尔捕食鱼类、蛙类。

石俊祥 摄

Egretta garzetta

白鹭

Little Egret

居留型： 留鸟
常见度： ★★★★★
级　别： 三有、LC

1	**2**	**3**	**4**	**5**	**6**	**7**	**8**	**9**	**10**	**11**	**12**

两型： 雌雄相似　**体长：** 55 ~ 65 cm
识别： 体型纤细，通体白色；喙黑色，腿黑色，脚黄色。繁殖羽枕部具 2 根长的辫状饰羽，背和前颈具延长的丝状饰羽。非繁殖羽整体白色，无辫状和丝状饰羽。
生境： 栖于河流、湖泊、水塘、泥滩、稻田等各种水域。
习性： 喜集群于食物集中的栖息地，常与其他鹭类混群活动。
食性： 主要捕食小型鱼类、虾、昆虫及蛙类等。

孙海涛 摄

孙海涛 摄

吴建华 摄

非繁殖羽
喙黄色
吴建华 摄

育雏
吴建华 摄

成鸟
石俊祥 摄

Ardea alba

大白鹭

Great Egret

居留型： 夏候鸟
常见度： ★★★
级　别： 三有、LC

1	2	3	4	5	6	7	8	9	10	11	12

两型： 雌雄相似　　**体长：** 80 ~ 104 cm
识别： 通体白色；脚黑色，嘴裂超过眼后。繁殖羽喙为黑色，眼先为绿色，背部具延长的丝状饰羽。非繁殖羽喙黄色，眼先黄绿色，背部无丝状饰羽。
生境： 栖于湖泊、沼泽、池塘、河口及海滨等湿地。
习性： 常与中白鹭、白鹭混群活动，白天活动觅食。
食性： 主要捕食鱼类、蛙类、甲壳类等。

Ardea intermedia

中白鹭

Intermediate Egret

居留型： 夏候鸟
常见度： ★★★
级　别： 三有、LC

1	2	3	4	5	6	7	8	9	10	11	12

两型： 雌雄相似　　**体长：** 65 ~ 72 cm
识别： 通体白色，脚黑色，嘴裂不超过眼后。繁殖羽喙黑色，眼先黄绿色，前颈下部和背上具延长的丝状饰羽。非繁殖羽喙黄色，端部黑色，眼先黄色，无延长的丝状饰羽。
生境： 栖于稻田、沼泽、水塘及河口等湿地，偏好内陆淡水生境。
习性： 常单独或集群活动。会与大白鹭、白鹭混群，性胆大不畏人，白天活动觅食。
食性： 主要捕食鱼类、蛙类、昆虫、甲壳类等。

几种鹭的辨识

种类	体长	颈	喙	嘴裂	脚
牛背鹭	46~56 cm	粗短	粗短、黄色	不超过眼睛	黑色
白鹭	55~65 cm	细长	黑色	不超过眼睛	腿黑，趾黄
中白鹭	65~72 cm	细长	黄色、端黑，繁殖期可变黑	不超过眼睛	黑色
大白鹭	80~104 cm	细长	黄色，繁殖期黑色	超过眼后缘	黑色

非繁殖羽
喙黄色
石俊祥 摄

繁殖羽
喙黑色
王学辉 摄

非繁殖羽
喙黄色，
末端黑色
孙海涛 摄

非繁殖羽
脚黑色
孙海涛 摄

牛背鹭

非繁殖羽
繁殖羽
中白鹭

白鹭

非繁殖羽
繁殖羽
大白鹭

Ardea cinerea

苍鹭

Grey Heron

居留型： 留鸟
常见度： ★★★★
级　别： 三有、LC

1	2	3	4	5	6	7	8	9	10	11	12

两型： 雌雄相似　　**体长：** 90 ~ 98 cm

识别： 成鸟头侧黑色冠羽向下延长形成辫状饰羽，头、喉、颈灰白色，前颈具 2~3 条黑色纵纹；上体青灰色，翼角及飞羽黑色；下体灰白色。繁殖羽喙变为橙红色，辫状饰羽更为明显。幼鸟羽色暗淡，颈部灰色较深，翼角黑色无或不明显。

生境： 现于各种水滨湿地。

习性： 常单独或集松散的小群活动，性安静，可在水中站立数小时不动，俗称“长脖老等”。

食性： 主要捕食鱼虾、蛙类和昆虫等各种小动物。

Ardea purpurea

草鹭

Purple Heron

居留型： 夏候鸟
常见度： ★★
级　别： 三有、LC

1	2	3	4	5	6	7	8	9	10	11	12

两型： 雌雄相似　　**体长：** 78 ~ 97 cm

识别： 成鸟喙黄褐色，虹膜黄色。头顶至后颈上部黑色，枕后具 2 条黑色辫状饰羽，颈栗褐色，颈侧具一黑色纵纹；上体深灰色，翼覆羽沾栗褐色，飞羽灰黑色。幼鸟整体棕褐色，头无饰羽，颈侧黑色纵纹不明显，上体具浅色鳞状羽缘。

生境： 栖于水生植物丰富沼泽、稻田、湖泊等湿地。

习性： 常单独活动。行动迟缓，常漫步在浅水边低头觅食。

食性： 主要捕食鱼类、甲壳类、两栖类。

●鹭科鸟类的繁殖

鹭类大多集群繁殖，每年 4—7 月寻找一片贴近水源、生长茂盛的树林筑巢、繁衍后代，通常是雌鸟和雄鸟共同孵卵、育雏。常见集群繁殖的鹭鸟有白鹭、夜鹭、池鹭、大白鹭等。在繁殖季节，鹭鸟通常长出华丽的饰羽，有助于吸引伴侣或用于求偶展示，例如白鹭的“小辫子”；一些鹭鸟的面部特征可能会发生变化，比如颜色会更加鲜艳或出现裸露的皮肤区域。

鹭鸟的巢通常较简陋，一般由枯枝和干草组成，有时内垫有少量柔软的草叶，孵化期一般为 25~29 天，雏鸟为晚成鸟，需要亲鸟喂养，大约 1 个月的巢期生活后，幼鸟即可离巢飞翔了。

近年来随着生态环境保护力度的加强以及自然环境的改善，为鹭鸟及其他珍稀鸟类提供了更多适宜的生存和繁殖空间。

正在孵卵的白鹭

牛背鹭的黄色婚羽

中白鹭的白色蓑状婚羽

Fulica atra

白骨顶

Common Coot

居留型： 冬候鸟
常见度： ★★★
级　别： 三有、LC

1	2	3	4	5	6	7	8	9	10	11	12

两型： 雌雄相似　　**体长：** 36 ~ 39 cm

识别： 成鸟通体黑色，虹膜暗红色，喙淡粉色，前额具白色额甲。两翼黑褐色，飞行时可见次级飞羽端部白色，趾上具瓣状蹼。

生境： 栖于开阔的静水或缓流的湖泊、水塘和河流。

习性： 喜在水面集群活动。有时与鸭类混群，多在白天活动，善涉水、游泳。

食性： 主要吃小鱼、虾、水生昆虫、植物幼嫩部位。

Gallinula chloropus

黑水鸡

Common Moorhen

居留型： 留鸟
常见度： ★★★★★
级　别： 三有、LC

1	2	3	4	5	6	7	8	9	10	11	12

两型： 雌雄相似　　**体长：** 30 ~ 38 cm

识别： 前额具亮红色额甲，喙红色，端部黄色。成鸟整体黑色，两肋具白色条纹，尾下覆羽有醒目白斑。幼鸟偏灰褐色，脸颊和前颈偏白色。

生境： 栖于水草茂盛的湖泊、水塘和河流等各种水域、湿地。

习性： 常单独或集小群活动，善游泳，受惊时，可潜入水下躲藏；多短距离飞行。

食性： 主要吃植物的幼嫩部位、草籽、小螺蛳、水生昆虫，也捕食小鱼、小蛙。

Gallicrex cinerea

董鸡

Watercock

居留型： 夏候鸟
常见度： ★
级　别： 三有、LC

1	2	3	4	5	6	7	8	9	10	11	12

两型： 雌雄二型

体长： ♂42 ~ 43 cm　♀35 ~ 36 cm

识别： 雄鸟偏黑色，翼黑褐色，具黄褐色羽缘，喙黄色，基部红色，具上翘突出的红色额甲。雌鸟整体黄褐色，无额甲，上体黑褐色具黄褐色羽缘，下体为皮黄色，体侧具不明显的暗褐色细纹。

生境： 栖于水草丰茂的沼泽、稻田。

习性： 常单独或成对活动，多在晨昏活动，白天隐秘。

食性： 主要取食植物幼嫩组织及种子，也吃昆虫、螺和蠕虫等小型动物。

成鸟

孙海涛 摄

成鸟

孙海涛 摄

成鸟

孙海涛 摄

左成鸟右幼鸟

王学辉 摄

雌鸟

雄鸟

沈海波 摄

Amaurornis phoenicurus

白胸苦恶鸟

White-breasted Waterhen

居留型：夏候鸟

常见度：★★★

级　别：三有、LC

1	2	3	4	5	6	7	8	9	10	11	12

两型： 雌雄相似　　**体长：** 28 ~ 33 cm

识别： 成鸟头顶至尾及两翼黑色沾褐色，前额、脸颊、喉至上腹为白色，下腹及尾下覆羽棕黄色。喙黄绿色，上喙基部红色，虹膜暗红色，脚橙黄色。

生境： 栖于水草茂盛的河流、水塘和开阔草地。

习性： 常单独或成对于晨昏活动，白天隐秘，善于步行及涉水，偶尔短时间游泳，喜在地面或浅水中慢步觅食。

食性： 主要捕食各种小型无脊椎动物，亦取食植物幼嫩组织及种子。

Zapornia akool

红脚田鸡

Brown Crake

居留型：留鸟

常见度：★★

级　别：三有、LC

1	2	3	4	5	6	7	8	9	10	11	12

两型： 雌雄相似　　**体长：** 26 ~ 28 cm

识别： 成鸟喙黄绿色，下喙基部黄色部分较多，脚洋红色。头顶至尾部及两翼橄榄褐色；颏、喉白色，脸颊、前颈至腹部深灰色，胁及尾下覆羽橄榄褐色。

生境： 栖于水草茂盛的河流、水塘。

习性： 常单独或成对活动，善于步行及涉水，常在泥地或水边慢步觅食。

食性： 主要以小型无脊椎动物、植物幼嫩组织及种子为食。

Rallus indicus

普通秧鸡

Eastern Water Rail

居留型：冬候鸟

常见度：★

级　别：三有、LC

1	2	3	4	5	6	7	8	9	10	11	12

两型： 雌雄相似　　**体长：** 23 ~ 29 cm

识别： 上喙黑色，下喙橙红色。头顶至尾及两翼黄棕色，具黑色轴斑，过眼纹深褐色，脸颊、喉至上腹部灰蓝色，胸部沾黄棕色。两胁、下腹部及尾下覆羽黑色且具白色横斑。

生境： 栖于水草茂盛的河流、水塘。

习性： 常单独或成对活动，善于步行及涉水。

食性： 主要捕食小鱼、虾、昆虫、螺等小型无脊椎动物，亦食植物幼嫩组织及种子。

成鸟
前额、脸颊、
喉至上腹白色
王学辉 摄

成鸟
孙海涛 摄

成鸟
下腹深灰色，
脚洋红色
蒲川 摄

成鸟
朱迎春 摄

成鸟
卡利得 摄

成鸟
朱迎春 摄

Grus monacha
白头鹤
Hooded Crane

居留型：冬候鸟
常见度：★
级　别：国一、VU

1	2	3	4	5	6	7	8	9	10	11	12

两型： 雌雄相似　　**体长：** 92 ~ 97 cm
识别： 喙淡黄绿色，虹膜橙红色或暗红色，脚灰褐色。整体灰黑色，头、颈白色，前额及眼先黑色，前额中央具一红色裸皮区。幼鸟头、颈为淡褐色，头顶无红色区域。
生境： 栖于开阔的沼泽、湖泊、农田和河口。
习性： 常成对或以家族群活动，性机警，畏人。
食性： 主要以植物性食物为主，包括水生植物，以及稻、小麦等农作物，也吃软体动物和昆虫。

成鸟

成鸟
信誉 摄

● **鹤的趣事**

在许多文学作品中，经常会提到“鹤顶红”这个大名鼎鼎的毒药，很多人以为它是以丹顶鹤（*Grus japonensis*）头顶上的“丹顶”为原材料制作的。但实际上，这两者之间并没有任何关联。“鹤顶红”只是形容毒药的颜色，这毒药其实就是砒霜，它通常呈现红色，古人只是为这种毒药编造了一个隐晦的说法而已。事实上，包括丹顶鹤在内的大多数鹤类，头顶都有一块羽毛缺失的裸皮，就像秃了头一样。而这块裸皮下方密布着毛细血管，因此显出了鲜红色。同时，鹤头顶的鲜红程度也能反映出鹤的身体状况。

鹤自古以来便被赋予了“仙”的气质，其高雅优美的身姿深受人们赞颂。中国是世界上鹤类多样性最为丰富的国家，全球共有 15 种鹤类，中国就拥有其中的 9 种。鹤类遵循一夫一妻制的配对原则，求偶时会伴以优美的舞蹈，一旦配对成功，便会维持很多年不变的关系。除了赤颈鹤（*Antigone antigone*）以外，其他所有的鹤类都会进行迁徙，幼鸟会跟随亲鸟一同飞往南方越冬。

鹤类对栖息环境有着极高的要求，并且它们对栖息地具有很强的忠诚性，它们具有很好的记忆力和学习能力，能够记住曾经成功繁殖或越冬的地点，并在以后的“鹤生”中重复使用这些地点。然而，这也使得它们的种群极易受到威胁。因此，所有的鹤类都被列为国家重点保护动物，受到了严格保护。

成鸟
红色裸皮
信誉 摄

幼鸟和成鸟
幼鸟
信誉 摄

陆鸟是指主要栖息在树林、灌木丛、草丛、芦苇丛、农田和草地等生境的鸟类。但也有少部分陆鸟如攀禽类的翠鸟科鸟类以捕食鱼虾为主，常栖息在靠近水边的树枝或岩石上。陆鸟包括陆禽、猛禽、攀禽以及鸣禽 4 个生态类型。

陆禽：后肢强健有力，适于地面奔走；喙强壮多为弓形，适于地面啄食。

猛禽：喙、爪锐利带钩、强壮有力，能有效地抓捕和撕扯猎物；两翼宽大，飞翔能力强，属掠食性鸟类，位于食物链顶端。

攀禽：脚相对较短，趾型多样，适于攀援或在树上停栖，有对趾足、并趾足、前趾足，大多不便下地活动。

鸣禽：鸣叫器官发达，善于鸣叫和歌唱，巧于筑巢，雏鸟均为晚成鸟。形态极为多样，种类占据了中国鸟类种数的一半以上。

根据现有记录，泰州地区有陆禽 5 种、猛禽 29 种、攀禽 20 种和鸣禽 125 种，共计陆鸟 179 种。

震旦鸦雀　石俊祥 摄

Spilopelia chinensis

珠颈斑鸠

Spotted Dove

居留型：留鸟
常见度：★★★★★
级　别：三有、LC

1	2	3	4	5	6	7	8	9	10	11	12

两型： 雌雄相似　　**体长：** 27 ~ 30 cm

识别： 喙灰黑色，虹膜橘黄色。整体粉褐色，头顶和脸颊偏灰蓝色。颈侧黑色宽带具明显的白色点状斑。外侧尾羽端部白色，飞羽黑褐色。幼鸟颈部无白色点状斑。鸣声为连续平稳的“咕 ~ 咕 ~ 咕”。

生境： 栖于城市公园、开阔林区、人工林、村庄、农田等多种生境。

习性： 常单独或成对活动，与人共生。常在树上停歇或在地面觅食，一旦受惊就立即飞避至附近树上。

食性： 主要取食各种农作物以及杂草的种子。

Streptopelia orientalis

山斑鸠

Oriental Turtle Dove

居留型：留鸟
常见度：★★★
级　别：三有、LC

1	2	3	4	5	6	7	8	9	10	11	12

两型： 雌雄相似　　**体长：** 33 ~ 35 cm

识别： 喙深灰色，虹膜橘黄色。颈侧黑色斑块具明显的灰白色条状斑。头顶和脸颊偏灰蓝色，颈大部分及胸部粉褐色，上体和翼上覆羽深褐色，羽缘棕红色呈鳞片状。尾羽近黑色，具灰白色端斑。幼鸟颈侧黑斑及灰白色条状斑不明显。鸣声一般为“咕咕 ~ 呜 ~ 呜 ~”。

生境： 栖于农田、村庄和多树地区。

习性： 常单独或成对活动，有时也结群活动，亦见与珠颈斑鸠混群在一起，取食于地面。

食性： 主要取食各种农作物以及杂草的种子、嫩芽。

Streptopelia tranquebarica

火斑鸠

Red Turtle Dove

居留型：夏候鸟
常见度：★★
级　别：三有、LC

1	2	3	4	5	6	7	8	9	10	11	12

两型： 雌雄二型　　**体长：** 20 ~ 23 cm

识别： 喙灰色，虹膜深褐色。雄鸟头、颈、腰及尾上覆羽为蓝灰色，颈基部具黑色半领环，躯干整体呈红褐色，下腹至尾下覆羽偏灰白色。雌鸟似灰斑鸠，体色较浅，整体偏浅红褐色。幼鸟似雌鸟，上体具明显的浅色羽缘，黑色颈环不明显。鸣声为连续急促的“咕咕咕”。

生境： 栖于开阔林区、沿海林地。

习性： 常成对或集群活动，有时与山斑鸠、珠颈斑鸠等混群，在地面急切地边走边找食物。

食性： 主要取食植物浆果及种子，也吃昆虫。

成鸟
石俊祥 摄

成鸟
石俊祥 摄

成鸟
孙海涛 摄

幼鸟
吴建华 摄

左雌鸟右雄鸟
朱迎春 摄

雄鸟
王学辉 摄

Coturnix japonica

鹌鹑

Japanese Quail

居留型：冬候鸟
常见度：★★
级　别：三有、NT

1	2	3	4	5	6	7	8	9	10	11	12

两型： 雌雄二型　**体长：** 15 ~ 20 cm

识别： 喙深灰色、较短，虹膜深褐色。雄鸟繁殖羽头顶至后颈褐色，具白色眉纹，脸颊和喉为棕红色，上体褐色，具黑色横斑和黄白色条状细条斑；下体皮黄色，两胁具黑斑及黄白色粗条状斑。雌鸟繁殖羽脸颊及喉皮黄色，其余似雄鸟。雌雄非繁殖羽似雌鸟繁殖羽，但上体颜色较淡，偏黄褐色。

生境： 栖于灌木丛、农田和草地。

习性： 常成对或集小群在地面草丛活动，奔跑迅速。

食性： 主要取食谷物、草籽和植物的嫩叶。

Phasianus colchicus

环颈雉

Common Pheasant

居留型：留鸟
常见度：★★★★
级　别：三有、LC

1	2	3	4	5	6	7	8	9	10	11	12

两型： 雌雄二型　**体长：** 59 ~ 87 cm

识别： 雄鸟眼周具宽大的鲜红色裸皮，头、颈墨绿色具金属光泽，下颈具白色颈环。躯干整体红棕色，腰为灰色，尾羽长具褐色横斑，两胁黄色具黑色点斑。雌鸟整体黄褐色，上体具深色斑，尾羽比雄鸟短。

生境： 栖息环境多样，如林地、农田、荒地等。

习性： 雄鸟单独活动，雌鸟常与雏鸟合群生活。

食性： 喜食昆虫，以及植物的果实、嫩芽、种子（谷类尤甚）、块茎等。

别名： 雉鸡

雌鸟
脸颊和喉为
皮黄色
蒲川 摄

雌鸟
刘艺 摄

雄鸟
石俊祥 摄

Pandion haliaetus

鹗[1]

Osprey

居留型：冬候鸟
常见度：★★
级 别：国二、LC

1	**2**	**3**	4	5	6	7	8	9	**10**	**11**	**12**

两型：雌雄相似 **体长：**55 ~ 66 cm

识别：喙黑色，虹膜橙黄色，翼指 5 枚。成鸟头顶及颏、喉白色，头顶具黑褐色纵纹。黑褐色过眼纹向后延至颈侧，胸部具褐色斑块，腹部白色。幼鸟覆羽具明显的皮黄色羽缘。飞行时翼特长，弯折时似“M”形，翼下覆羽白色，翼角黑斑明显。

生境：栖于湖泊、河流、海岸或开阔湿地。

习性：捕猎时常在水上缓慢盘旋或从水上迅速掠过，发现猎物后迅速扎入水中追捕游鱼。

食性：主要捕食鱼类，罕见捕食蛙类、蜥蜴及鸟类等小型动物。

成鸟

朱迎春 摄

Elanus caeruleus

黑翅鸢[2]

Black-shouldered Kite

居留型：留鸟
常见度：★★★
级 别：国二、LC

1	**2**	**3**	**4**	**5**	**6**	**7**	**8**	**9**	**10**	**11**	**12**

两型：雌雄相似 **体长：**31 ~ 37 cm

识别：整体黑、白、灰三色。喙黑色，虹膜红色，脚橙黄色。成鸟前额白色，头顶至后颈灰色。上体为蓝灰色，翼上小覆羽和中覆羽黑色；翼下覆羽白色，而初级飞羽黑色；尾羽呈浅叉状。幼鸟沾褐色，虹膜黄褐色，上体为黑褐色，具白色羽缘。

生境：栖于有乔木和灌木的开阔原野、疏林地。

习性：常单独或成对活动，经常振翅在空中悬停寻找猎物，平时多停栖于树梢或电线杆上。

食性：主要捕食鼠类、鸟类等小型脊椎动物。

成鸟

石俊祥 摄

Pernis ptilorhynchus

凤头蜂鹰[2]

Oriental Honey-Buzzard

居留型：旅鸟
常见度：★★
级 别：国二、LC

1	2	3	4	**5**	**6**	7	8	**9**	**10**	11	12

两型：雌雄二型 **体长：**50 ~ 66 cm

识别：成鸟体色多样，从浅色到暗色。翼指 6 枚，头、颈部纤细具细鳞状硬羽，尾较长。雄鸟虹膜深色，翼后缘和尾羽端部具深色宽大横斑。雌鸟虹膜黄色，翼后缘和尾羽深色横斑比雄鸟窄。幼鸟翼指深色，翼后缘深色横斑不明显，尾羽为窄纹。

生境：栖于森林和林缘地带。

习性：常单独活动，迁徙季常集成大群迁徙过境。飞行沉稳缓慢，振翅几次后便作长时间滑翔。

食性：喜食蜜蜂和蜂蜜，也捕食其他小型脊椎动物。

雄鸟

卡利得 摄

幼鸟
皮黄色羽缘

成鸟
双翼弯折时
呈“M”形
翼角黑斑
明显
翼指 5 枚
王学辉 摄

幼鸟
上体黑褐色，具
白色羽缘，虹膜
黄褐色
杨勇 摄

成鸟
小覆羽和中
覆羽黑色
石俊祥 摄

幼鸟
翼指深色
尾较长
马士胜 摄

幼鸟
翼后缘深色
横斑不明显
朱迎春 摄

Aegypius monachus

秃鹫

Cinereous Vulture

居留型： 旅鸟
常见度： ★
级　别： 国一、NT

1	2	3	4	5	6	7	8	9	10	11	12

两型： 雌雄相似　　**体长：** 100 ~ 120 cm

识别： 超大体型的黑褐色猛禽。喙粗大、铅灰色。头、颈部分裸露、皮黄色，颈部羽毛松软，飞行时，头小，颈显得非常短，两翼极宽大，前缘和后缘几乎平行，初级飞羽“翼指”明显，尾羽较短。幼鸟似成鸟，但羽色偏褐色，喙基部粉色，头部具黑色短绒羽。

生境： 栖于森林覆盖的丘陵和山区。

习性： 飞翔时，两翼伸成一直线，很少鼓动，常随热气流在天空长时间翱翔。

食性： 主要食用哺乳动物的尸体。

Ictinaetus malaiensis

林雕

Black Eagle

居留型： 留鸟
常见度： ★
级　别： 国二、LC

1	2	3	4	5	6	7	8	9	10	11	12

两型： 雌雄相似　　**体长：** 67 ~ 81 cm

识别： 大型黑褐色猛禽，翼指 7 枚、甚长。成鸟喙黄色，端部黑色。飞行时，翼型宽而长，停歇时超过尾端，翼基窄而翼后缘突出，尾羽上有数条浅色横斑。幼鸟似成鸟但体色较淡，背部及覆羽具明显的浅色羽缘。

生境： 喜山地森林和林缘地带。

习性： 常单独或成对活动，在冠层上空盘旋，巡游平稳，较少振翅。领域性强。

食性： 主要捕食两栖爬行类、小型哺乳类和鸟类。

Milvus migrans

黑鸢

Black Kite

居留型： 留鸟
常见度： ★★
级　别： 国二、LC

1	2	3	4	5	6	7	8	9	10	11	12

两型： 雌雄相似　　**体长：** 54 ~ 66 cm

识别： 中型的棕褐色猛禽。喙黑色。成鸟眼后具明显黑色耳斑，飞行时翼指明显，翼下具醒目的白斑是本种的主要识别特征。幼鸟胸腹部和翼下覆羽具不规则的纵纹和白色斑点。

生境： 栖于开阔的平原、丘陵、农田和湿地。

习性： 常单独活动，有时集小群。飞行快速，常利用上升的热气流长时间在高空盘旋，两翼平伸不动，偶尔较慢地扇动几下翅膀。

食性： 主要捕食鼠类、小鸟、鱼、蛇等。

幼鸟
朱迎春 摄

幼鸟
朱迎春 摄

成鸟
蒲川 摄

成鸟
马士胜 摄

幼鸟
幼鸟胸腹部具白色纵纹
孙海涛 摄

幼鸟
幼鸟翼下具白色斑点
孙海涛 摄

Buteo hemilasius

大鵟

Upland Buzzard

居留型： 冬候鸟
常见度： ★
级　别： 国二、LC

1	**2**	**3**	4	5	6	7	8	9	**10**	**11**	**12**

两型： 雌雄相似　　**体长：** 57 ~ 67 cm

识别： 色型可分为浅色型、深色型和中间型。翼指 5 枚，喙黑色，虹膜黄色。浅色型和中间型较为常见，成鸟腹部后缘两侧具深褐色斑块，两翼宽大，翼上和翼下初级飞羽基部的大面积浅色区域是识别的重要特征。

生境： 栖于山林、草原，亦常见于旷野、农田、荒地和村庄。

习性： 常单独或成对活动，白天觅食，常在空中盘旋，两翼鼓动较缓。

食性： 捕食小型哺乳类、鸟类、蛇、蛙。

成鸟

蒲川 摄

Buteo japonicus

普通鵟

Eastern Buzzard

居留型： 冬候鸟
常见度： ★
级　别： 国二、LC

1	**2**	**3**	4	5	6	7	8	9	**10**	**11**	**12**

两型： 雌雄相似　　**体长：** 50 ~ 59 cm

识别： 体色类型多样，常见深黄褐色。头部较圆润，颈短。飞行时翼宽大，翼指 5 枚，翼尖黑色，尾羽打开呈扇形，翼下具明显的白色翅窗和深色腕部块斑。

生境： 栖于开阔的平原、原野和农田。

习性： 常单独活动，迁徙季集群。常在空中盘旋、滑翔，在裸露树枝上歇息，飞行时偶尔悬停。

食性： 主要捕食鼠类，亦捕食一些鸟类、蛙类、蛇和昆虫等。

幼鸟

薄顺奇 摄

Butastur indicus

灰脸鵟鹰

Grey-faced Buzzard

居留型： 旅鸟
常见度： ★★
级　别： 国二、LC

1	2	3	**4**	**5**	6	7	8	**9**	**10**	11	12

两型： 雌雄相似　　**体长：** 39 ~ 46 cm

识别： 整体偏红褐色，喉白色具明显的深褐色喉中线。成鸟颊灰色，眉纹白色，下体白色具红褐色横斑。尾羽暗灰褐色、细长。幼鸟腹部中央为红褐色纵纹。

生境： 栖于各类林地和林缘空地。

习性： 常单独活动，只有在迁徙期间才成群。飞行时两翼不断鼓动，常贴近地面飞行，或栖于树上寻找猎物。

食性： 主要捕食两栖类、小型哺乳类（如鼠类）和鸟类。

幼鸟

朱迎春 摄

卡利得 摄

卡利得 摄

葛飞 摄

朱迎春 摄

朱迎春 摄

朱迎春 摄

Accipiter trivirgatus

凤头鹰

Crested Goshawk

居留型：留鸟
常见度：★★★
级　别：国二、LC

1	**2**	**3**	**4**	**5**	**6**	**7**	**8**	**9**	**10**	**11**	**12**

两型：雌雄相似　　**体长：**42 ~ 48 cm

识别：翼短圆，翼指 6 枚。成鸟上体褐色，头部至后颈灰色，具短冠羽，喉部白色，具明显黑色喉中线。下体白色，具棕褐色横斑，尾下覆羽白色且蓬松，飞行时可见尾羽上 4 道粗横斑。幼鸟整体黄褐色，腹部中央具纵纹或纵向排布的点状斑，尾下覆羽不如成鸟蓬松。

生境：栖于有密集树木覆盖的林地。

习性：常单独活动，躲藏在树叶丛中。

食性：主要捕食鸟类、蛙类、鼠类、蜥蜴等小型脊椎动物，偶尔捕食昆虫。

Accipiter gularis

日本松雀鹰

Japanese Sparrow Hawk

居留型：旅鸟
常见度：★★
级　别：国二、LC

1	2	3	**4**	**5**	6	7	8	**9**	**10**	11	12

两型：雌雄二型　　**体长：**24 ~ 33 cm

识别：翼指 5 枚。雄鸟虹膜深红色或深橘色，上体灰褐色，喉中线不明显或缺失，胸腹具红褐色斑，隐约可见模糊的粗横纹。雌鸟上体褐色，虹膜黄色，胸腹具清晰的浓密褐色细横纹。幼鸟似雌鸟，但胸部斑纹为纵纹。

生境：栖于林缘和疏林地带。

习性：常单独活动，迁徙时结成小群。振翅迅速，常在林缘上空捕猎食物，有时也停栖在大树顶端。

食性：主要捕食小型鸟类，也捕食蜥蜴、昆虫等小型动物。

Accipiter nisus

雀鹰

Eurasian Sparrow Hawk

居留型：冬候鸟
常见度：★★
级　别：国二、LC

1	**2**	**3**	4	5	6	7	8	9	**10**	**11**	**12**

两型：雌雄二型　　**体长：**32 ~ 43 cm

识别：翼指 6 枚。雄鸟脸颊棕红色，头顶至上体蓝灰色，下体具棕红色细密横斑。雌鸟上体褐色，白色眉纹明显，喉具较多暗色细纵纹。幼鸟上体偏褐色具浅色羽缘，胸及上腹具粗的矛状短横纹。

生境：栖于林缘、开阔林区。

习性：常单独活动。飞翔时快速鼓动两翼飞一阵后又滑翔一会儿。常飞翔于空中或栖于树上和电线杆上。

食性：主要捕食各种小型鸟类、鼠类和昆虫，有时也捕食蛇类。

成鸟
蒲川 摄

幼鸟
王学辉 摄

雄鸟
蒲川 摄

幼鸟
朱迎春 摄

雌鸟
朱迎春 摄

雌鸟
蒲川 摄

Accipiter gentilis

苍鹰

Northern Goshawk

居留型： 旅鸟
常见度： ★★
级　别： 国二、LC

1	2	3	4	5	6	7	8	9	10	11	12

两型： 雌雄相似　　**体长：** 46 ~ 63 cm
识别： 翼指 6 枚。虹膜鲜黄色。成鸟头至后颈及过眼纹蓝黑色，具显著白色眉纹，喉部白色，上体及两翼青蓝色。下体整体白色密布深色细横纹。幼鸟整体黄褐色，翼下覆羽及下体浅褐色密布深色的纵纹。
生境： 栖于林缘、开阔林区。
习性： 性甚机警，亦善隐藏，通常单独活动。两翼宽圆，能作快速翻转扭绕。
食性： 主要捕食鸠鸽类，也捕食其他鸟类及小型哺乳动物如野兔、鼠类。

Accipiter soloensis

赤腹鹰

Chinese Goshawk

居留型： 夏候鸟
常见度： ★★
级　别： 国二、LC

1	2	3	4	5	6	7	8	9	10	11	12

两型： 雌雄二型　　**体长：** 25 ~ 30 cm
识别： 翼指 4 枚，翼下覆羽白净。雄鸟虹膜暗褐色，上体蓝灰色，胸至两胁橙棕色，翼下除飞羽羽端黑色外，其余全白。雌鸟似雄鸟，虹膜黄色。幼鸟喉中线明显，腹部具褐色粗纵纹。
生境： 栖于林缘、开阔林区。
习性： 常单独或集小群活动。常站在树顶高处或电线杆上。
食性： 捕食昆虫、蛙类、蜥蜴、小型鸟类和鼠类。

常见鹰属猛禽的辨识

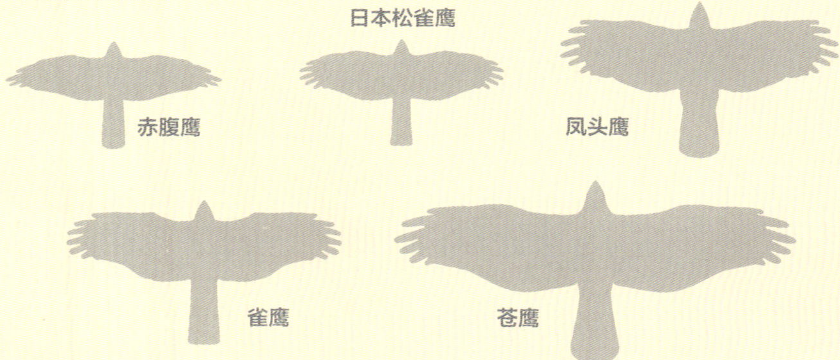

注：所示比例仅供参考

鸟种	翼型	翼指	尾型	脚	背色	其他
凤头鹰	短宽圆，后缘弧形凸出	6 枚，不凸显	较长，展开呈扇形	粗壮	褐色	雄成鸟白色尾下覆羽发达
日本松雀鹰	较宽，后缘钝角凸出	5 枚，凸显	较短，不喜展开，有时内凹	纤细，中趾长	雄灰褐色，雌褐	头胸大而尾短，重心靠前
雀鹰	窄长，后缘略凸	6 枚，凸显	甚细长，尾端平直	纤细，中趾长	雄蓝灰色，雌褐	身躯修长
苍鹰	宽长，后缘略凸	6 枚，凸显	较短宽，展开扇形	较粗壮	蓝黑色	头小身粗
赤腹鹰	窄尖，后缘平直	4 枚，不甚凸显	较短，不喜展开	较纤细	蓝灰色	成鸟翼下覆羽洁净无斑纹

Circus cyaneus

白尾鹞

Hen Harrier

居留型：冬候鸟 / 旅鸟
常见度：★★
级　别：国二、LC

1	2	3	4	5	6	7	8	9	10	11	12

两型：雌雄二型　　**体长：**41 ~ 53 cm

识别：翼指 5 枚，虹膜为黄色，腰白色。雄鸟整体灰色，下体偏白，翼尖黑色。雌鸟体型较大，整体褐色，颊与颈间具白环，胸腹密布褐色纵纹，飞行时可见明显白色腰部，翼狭长。幼鸟似雌鸟，但胸腹颜色更深，虹膜褐色。

生境：栖于平原湖泊、沼泽、农田、荒原等。

习性：常单独活动。飞行时两翼上举呈"V"形，常贴地面低空飞行，密切搜寻着草丛中的猎物。

食性：主要捕食小型鸟类、鼠类、蛙类、蜥蜴和大型昆虫等。

郑运祥 摄

Circus spilonotus

白腹鹞

Eastern Marsh Harrier

居留型：冬候鸟 / 旅鸟
常见度：★★
级　别：国二、LC

1	2	3	4	5	6	7	8	9	10	11	12

两型：雌雄二型　　**体长：**50 ~ 60 cm

识别：翼指 5 枚。分大陆型和日本型。大陆型雄鸟有黑头型和灰头型，头部黑色和灰色，胸腹具深色纵纹，腹部白色，翼指黑色，翼下其余为白色。雌鸟整体黄褐色，头及下体具黄褐色纵纹。幼鸟深褐色，虹膜深色，头、颈、胸羽色较浅。

生境：栖于开阔地，尤其是多草的沼泽地或芦苇地。

习性：常单独活动，在植被上方低空巡飞，有时停滞在空中，密切关注着草丛中的猎物，飞行时显沉重。

食性：主要捕食鸟类、蛙类、蜥蜴、鼠类等小型动物。

朱迎春 摄

●猛禽的飞行方式

猛禽拥有超高的飞行技巧，这是猛禽与其他鸟类最大的区别之一，大致可分为 7 类：鼓翼（翅）飞行、盘旋飞行、滑翔飞行、俯冲飞行、悬停飞行、飘飞飞行、展示飞行。

鼓翼飞行　鼓动双翼向前飞行，即向前下方扇动翅膀前进。但猛禽体型较大，多数不善于长时间鼓翼飞行。

盘旋飞行　完全伸展双翼，不鼓翼，利用空气中上升的热气流以绕圈的方式缓缓向上盘旋。盘旋是猛禽飞行获得高度的一种方式。

滑翔飞行　伸展双翼，不鼓翼，以直线前进，但高度会缓慢下降。滑翔是猛禽节省体力向前飞行的一种方式。

俯冲飞行　从高处迅速向下加速，收拢双翼，靠重力加速。俯冲主要是为了突击猎物或威吓其他动物。

悬停飞行　在空中保持一定高度和位置，不向前飞行，如悬吊空中。悬停需逆风，鼓翼或不鼓翼，依靠翅膀和尾羽调整重力与风力的平衡悬停空中。猛禽悬停主要是为了搜寻和锁定地面上的猎物。

飘飞　伸展双翼，不鼓翼，利用上升气流在空中不定路线的缓慢飘浮飞行，是滑翔与盘旋飞行的综合。飘飞可能是猛禽的一种休息方式，有时猛禽在空中进食也会采取飘飞的方式。

展示飞行　为了展示或炫耀的一种特殊飞行方式，一般用在异性求偶或宣示领地时。

红隼滑翔飞行

黑鸢向下俯冲捕鱼

Falco tinnunculus

红隼

Common Kestrel

居留型：留鸟
常见度：★★★
级　别：国二、LC

1	2	3	4	5	6	7	8	9	10	11	12

两型： 雌雄二型　　**体长：** 31～38 cm

识别： 眼圈黄色。雄鸟头顶至后颈灰色，颊、喉偏白色，眼下具黑色髭纹，上体砖红色具黑色点斑，下体皮黄色，具黑色点状纵纹。雌鸟上体红褐色具粗的深色横纹，胸腹部具深褐色纵纹。

生境： 栖于林缘、疏林地、农田、城市和村庄等多种生境。

习性： 多单独活动，飞得较高，猎食时有悬停习性，常从地面捕捉猎物，停栖在电线杆或树枝上。

食性： 主要捕食鼠类、昆虫、鸟类、蛙类、蜥蜴等小型动物。

王学辉 摄

Falco amurensis

红脚隼

Eastern Red-footed Falcon

居留型：旅鸟
常见度：★★
级　别：国二、LC

1	2	3	4	5	6	7	8	9	10	11	12

两型： 雌雄二型　　**体长：** 25～30 cm

识别： 眼圈橘红色。雄鸟头顶至上体深灰色，翼下覆羽纯白色，脸颊、喉、胸至上腹灰色，下腹至尾下覆羽橘红色。雌鸟头部羽色较雄鸟淡，眉纹、脸颊、喉白色，下体及翼下近白色或淡橘红色，具深色箭头横斑。幼鸟腹部具杂乱的深色纵纹，红色较浅不明显。

生境： 栖于开阔原野、林地、草地、沼泽。

习性： 常单独活动，迁徙时结成大群。

食性： 主要捕食昆虫，有时亦捕食鼠类、鸟类等小型脊椎动物。

杨勇 摄

Falco columbarius

灰背隼

Merlin

居留型：冬候鸟
常见度：★
级　别：国二、LC

1	2	3	4	5	6	7	8	9	10	11	12

两型： 雌雄二型　　**体长：** 27～32 cm

识别： 雄性头顶及上体青灰色具黑色细羽轴，飞羽黑色，下体棕红色具黑褐色细纵纹。雌鸟似红隼，但胸腹部具红褐色粗纵纹，翼下覆羽红褐色具白色斑点，尾羽具明显的黑色横斑，尾端白色。幼鸟上体暗褐色具红褐色斑点和羽缘，尾羽具暗褐色和红褐色横斑。

生境： 栖于开阔原野、农田和丘陵，但较其他隼类更易出现于林区。

习性： 常单独活动。喜低空飞行，追捕猎物。

食性： 主要捕食鸟类、昆虫、鼠类等小型动物。

薄顺奇 摄

孙海涛 摄

蒲川 摄

王学辉 摄

朱迎春 摄

薄顺奇 摄

朱迎春 摄

Falco peregrinus

游隼

Peregrine Falcon

居留型： 冬候鸟
常见度： ★★
级　别： 国二、LC

1	**2**	**3**	**4**	**5**	6	7	8	**9**	**10**	**11**	**12**

两型： 雌雄相似　　**体长：** 41 ~ 50 cm

识别： 眼圈和脚黄色。成鸟头顶黑色，具较粗重而长的黑色髭纹，整体如“头盔”。上体青黑色；胸部白色具黑色细纹，腹部白色具黑色点斑，两胁具黑色横纹。幼鸟上体颜色偏褐色，具浅色羽缘。

生境： 栖于开阔的河流、湖泊、沼泽、旷野等地。

习性： 常单独或成对活动，叫声尖锐，飞行速度极快，从高空径直俯冲而下向猎物猛扑过去。

食性： 主要捕食中小型鸟类特别是鸠鸽科的鸟类，也捕食小型雁鸭和啮齿类动物，多捕食于空中。

薄顺奇　摄

Falco subbuteo

燕隼

Hobby

居留型： 旅鸟
常见度： ★★
级　别： 国二、LC

1	2	3	**4**	**5**	6	7	8	**9**	**10**	11	12

两型： 雌雄相似　　**体长：** 29 ~ 35 cm

识别： 眼圈黄色。成鸟头顶黑色，具显著的黑色髭纹，整体如“头盔”，上体灰黑色，胸腹具黑色粗纵纹，下腹、尾下覆羽和腿红棕色。幼鸟下腹红棕色较淡。

生境： 栖于有稀树和灌木的开阔地，也见于林缘地带。

习性： 常单独或成对活动。主要在空中捕食昆虫及鸟类，飞行迅速。

食性： 主要捕食小型鸟类和大型昆虫。

卡利得　摄

鹰和隼的区分

“鹰”和“隼”，我们常习惯称这两类鸟为“老鹰”，为昼行性猛禽，少数鹰科鸟类在黄昏至夜间觅食，均为肉食性。在我国鹰形目和隼形目的所有鸟类均被列入《国家重点保护野生动物名录》，为国家一级或二级重点保护动物。

野外观察时，鹰形目多数鸟类飞行时最外侧的初级飞羽外伸突出形成明显的“翼指”，适合高空盘旋；隼形目鸟类翅形为三角形，翅膀比较窄尖，看不出明显的“翼指”，适合高速飞行，其中游隼是鸟类飞行速度记录的保持者。此外，鹰的虹膜颜色较为多样，有红、黄、橙、褐等多种颜色，而隼的虹膜为深色。

隼形目

鹰形目

迁徙大军的王者——猛禽

每年候鸟迁徙季，大批猛禽也是迁徙大军中的成员。跟其他的鸟类一样，猛禽大多也沿南北轴向迁徙。猛禽迁徙非常依赖上升气流和风。各种山地环境很容易产生上升气流，所以猛禽偏爱沿着山脉飞行，借助山体形成的上升气流盘旋至高空，它们从山脉低处盘旋，随着热气流旋转上升，形成非常壮观的“鹰柱”，到达一定高度后便向前滑翔。在迁徙过程中，它们会一直寻找热气流，这样可减少飞行的能量消耗。

鹰柱

Tyto longimembris

草鸮[1]

Eastern Grass owl

居留型：留鸟
常见度：★
级　别：国二、LC

1	2	3	4	5	6	7	8	9	10	11	12

两型：雌雄相似　　**体长：**32 ~ 38 cm

识别：头圆、脸平，黄褐色面盘呈心形，眼先具一黑色斑。上体暗褐色，具棕黄色斑纹和白色斑点，飞羽黄褐色具暗褐色斑纹，尾羽具明显横纹。下体棕白色，具褐色斑点。

生境：栖于开阔的高草地。

习性：常单独活动。夜行性鸟类，筑巢于地面荒草丛中。

食性：主要以鼠类、蛙类、蛇类、鸟卵等为食。

Otus lettia

领角鸮[2]

Collared Scops owl

居留型：留鸟
常见度：★
级　别：国二、LC

1	2	3	4	5	6	7	8	9	10	11	12

两型：雌雄相似　　**体长：**23 ~ 25 cm

识别：虹膜深褐色。整体羽色偏灰或染黑色，灰褐色面盘明显，具灰色耳羽簇。背部和两翼棕褐色，具黑色与皮黄色杂纹或斑块，胸腹灰色具细黑色纵纹。

生境：栖于林地、农田附近的树林。

习性：夜行性，白天多躲藏在树上浓密的枝叶丛间，夜晚到低处找猎物。多从低处的栖枝扑至地面捕食。繁殖季节鸣叫声频繁。

食性：主要捕食昆虫、鼠类。

Otus sunia

红角鸮[2]

Oriental Scops owl

居留型：旅鸟
常见度：★
级　别：国二、LC

1	2	3	4	5	6	7	8	9	10	11	12

两型：雌雄相似　　**体长：**18 ~ 21 cm

识别：虹膜橙黄色，区别于领角鸮的深褐色虹膜。面盘灰褐色，耳羽簇明显。有灰色型和棕色型之分，灰色型体羽灰褐色为主，棕色型体羽栗棕色为主。肩部具一棕白色纵斑。

生境：栖于低地开阔林区的林缘地带、林中空地，包括园林绿地。

习性：夜行性，白天多躲藏在树上浓密的枝叶丛间，于林缘、林中空地及次生植丛的小矮树上捕食。

食性：主要捕食昆虫、鼠类和小型鸟类。

成鸟
面盘黄褐色
钱景华 摄

幼鸟
赵天天 摄

成鸟
郝夏宁 摄

成鸟
蒲川 摄

成鸟
部具一棕
色纵斑
王铎 摄

成鸟
王铎 摄

Athene noctua

纵纹腹小鸮

Little Owl

居留型：留鸟
常见度：★
级　别：国二、LC

1	2	3	4	5	6	7	8	9	10	11	12

两型： 雌雄相似　　**体长：** 20 ~ 26 cm
识别： 虹膜亮黄色，腿白色。头顶黄褐色密布白色点斑，无耳羽簇，背部黄褐色具白色斑纹，胸、上腹部偏白色具褐色纵纹，下腹至尾下覆羽纯白色无斑纹。
生境： 栖于树林、农田、林缘灌木丛以及村庄附近的树林。
习性： 常单独活动，偏好晨昏活动，夜间也活跃。营巢于废弃建筑物或崖壁、岩洞等洞穴中。
食性： 主要捕食小型鸟类、蛙类、蜥蜴、鼠类和鞘翅目昆虫等。

蒲川 摄

Glaucidium cuculoides

斑头鸺鹠

Asian Barred Owlet

居留型：留鸟
常见度：★
级　别：国二、LC

1	2	3	4	5	6	7	8	9	10	11	12

两型： 雌雄相似　　**体长：** 22 ~ 26 cm
识别： 虹膜黄色。头、颈、胸及上体棕褐色，具皮黄色横纹，无耳羽簇，头顶横纹细小且密。上腹部白色具褐色粗纵纹，下腹部至尾下覆羽白色。尾羽黑褐色具白色横纹。
生境： 栖于林缘灌木丛、农田、村庄附近的树林等。
习性： 常单独活动。日行性，也在夜晚活动。叫声多变，常在茂密树冠层鸣唱。
食性： 主要捕食小型鸟类、蛙类、蜥蜴、鼠类等。

Ninox japonica

日本鹰鸮

Northern Boobook

居留型：旅鸟
常见度：★
级　别：国二、LC

1	2	3	4	5	6	7	8	9	10	11	12

两型： 雌雄相似　　**体长：** 26 ~ 31 cm
识别： 外形似鹰的鸮，虹膜黄色。头较圆、深褐色，面盘不明显，无耳羽簇，背和两翼褐色，两眼之间具一白斑。胸腹白色具褐色纵纹，尾褐色具黑色横斑。与鹰鸮相似，但鹰鸮腹部多横纹，日本鹰鸮多纵纹。
生境： 栖于山地、阔叶林，也出现在平原树林。
习性： 常单独活动。夜行性，白天多躲藏在树林中，飞行迅速且敏捷。营巢于天然树洞中。
食性： 主要捕食昆虫、鼠类、小型鸟类等。
别名： 北鹰鸮

蒲川 摄

成鸟
头顶黄褐色，密布白色点斑
马士胜 摄

成鸟
下体白色，具褐色纵纹
杨勇 摄

成鸟
戴书生 摄

成鸟

成鸟
两眼之间具一白斑
汤正华 摄

成鸟
薄顺奇 摄

Asio flammeus

短耳鸮

Short-eared Owl

居留型： 冬候鸟
常见度： ★
级　别： 国二、LC

1	2	3	4	5	6	7	8	9	10	11	12

两型： 雌雄相似　　**体长：** 34 ~ 40 cm
识别： 眼周黑色，虹膜黄色。面盘显著，耳羽簇短小不易见到。两翼褐色具白色、皮黄色斑纹。腹部皮黄色具深褐色纵纹，飞行时，可见翼尖黑色具 2 道黑横带，可与长耳鸮区分。
生境： 栖于有草丛的开阔地或湖边有草丛的环境。
习性： 常单独活动。多于夜间或黄昏活动，平时多栖息于地上或潜伏于草丛中，很少栖息于树上。飞行较缓慢，鼓翼和滑翔交替进行。
食性： 主要捕食鼠类、小型鸟类、昆虫和蛙类。

Asio otus

长耳鸮

Long-eared Owl

居留型： 冬候鸟
常见度： ★
级　别： 国二、LC

1	2	3	4	5	6	7	8	9	10	11	12

两型： 雌雄相似　　**体长：** 32 ~ 39 cm
识别： 虹膜橘黄色。面盘明显、皮黄色具黑色边缘，耳羽簇显著，飞行时不可见。背部褐色，胸腹棕黄色具深褐色纵纹。飞行时，可见翼尖端具多道深色横纹。
生境： 栖于针叶林、阔叶林和混交林。
习性： 常单独活动。夜行性，白天多躲藏在树林中，夜间或黄昏活动和猎食，飞行从容。
食性： 主要捕食鼠类、小型鸟类、昆虫和蛙类。

猫头鹰的介绍

猫头鹰是猛禽“鸮”的统称，鸟界中的顶级捕食者。长着大大的脸盘、一双圆圆的眼睛，嘴短而粗壮，前端成钩状。颈椎的特殊构造，使其有一个转动灵活的脖子，可左右旋转 270°，不转身就能观察身后的情况。

不同于其他鸟类，猫头鹰的眼睛位于正前方，眼珠是圆柱体，不能转动只能目视前方，使它对距离分辨度高，定位猎物更精准。同时猫头鹰有优异的夜视和听力能力以及无声的飞行能力，这都非常利于它捕食猎物。猫头鹰多数为夜行性，休息时为防范敌害，会闭一只眼睁一只眼，左右眼轮换着睁开，使左右脑轮换休息。老鼠是鸮形目鸟类最钟爱的食物，此外大型昆虫、松鼠、兔、蛙类、小鸟等也是部分鸮的重要食物。猫头鹰有“吐食丸”的习性，它们一般习惯将猎物囫囵吞下，而胃又无法将骨头和皮毛完全消化，这些渣滓混杂着胃液在胃里集结成团形成“食丸”。一般进食后 8~24 小时，猫头鹰就会把“食丸”吐出来。

北领角鸮晚上捕鼠

乌林鸮的大面盘

停栖中的红角鸮

Caprimulgus jotaka

普通夜鹰

Grey Nightjar

居留型： 旅鸟

常见度： ★

级　别： 三有、LC

1	2	3	4	5	6	7	8	9	10	11	12

两型： 雌雄略异　**体长：** 24～29 cm

识别： 成鸟整体黑褐色，喙黑色，具明显的嘴须；上体具灰白、棕黄杂斑，尾羽深褐色具黑色横纹。雄鸟眼下和喉两侧具醒目的白横斑，初级飞羽具白色斑纹。雌鸟似雄鸟，但眼下和喉两侧为皮黄色斑且较小，初级飞羽上的斑纹为皮黄色。

生境： 栖于开阔林区、灌木丛。

习性： 常单独活动，多于夜间活动，黄昏时尤其活跃，飞行时无声。白天停栖在树上常保持不动，羽色极似树皮并伏贴在枝上，极难被发现。

食性： 主要捕食昆虫。

王学辉　摄

朱迎春　摄

●夜鹰的介绍

夜鹰体色斑驳，体羽偏灰色或褐色，为跗跖短的夜行性鸟类，白天伏于地面或横枝上休息，多在黄昏、清晨和夜间活动。喙周围具刚毛，喙相对较宽，有利于在飞行中张开大嘴捕捉昆虫。夜鹰习惯在飞行中捕食昆虫，飞行时无声，两翅鼓动缓慢，有时甚至仅浮翔或滑翔。在捕虫过程中，它们会突然曲折绕飞。为了避免在白天受到攻击，夜鹰利用羽毛的花纹伪装成树枝、树桩等，与周围环境融为一体。大多数夜鹰依靠它们大大的眼睛在夜间定位，捕捉昆虫。有的夜鹰如热带低海拔地区常见的林夜鹰会利用人工光线捕捉被灯光吸引的昆虫。

夜鹰喙周围的刚毛

雌鸟

杨勇 摄

雌鸟

孙海涛 摄

鸟类越冬趣事

鸟类抵御冬季的严寒和食物的短缺有许多种方式，许多鸟类会选择迁徙到南方过冬，而留鸟们则会使自己的羽毛蓬松，提升保暖功能。有趣的是，鸟类中也存在一种会冬眠的鸟。

1946 年 12 月，3 位生物学家在美国加利福尼亚州南部的一个山谷中发现一只僵硬地蜷缩在岩石缝隙中的北美小夜鹰。通过长时间的观察，他们发现北美小夜鹰的体温仅有 18.1 ℃，而正常情况下北美小夜鹰的体温是 40 ℃左右；且它的眼睛对光线没有反应，心脏跳动很微弱；把镜子放在它鼻孔前，也没有一点液化水珠。神奇的是这只像死了的鸟，待到来年春天气温回暖后，竟然醒过来飞走了。专家们又经过连续 4 年冬天对北美小夜鹰的观察，终于确定了这种鸟具有冬眠习性。

“冬眠”状态下的动物们通常会改变新陈代谢，将其降到最低范围以节省能量，还会降低体温以及心率与呼吸频率等，这样可使动物在气候严酷或食物短缺的环境中存活更长的时间。除此以外，有些蜂鸟会在寒冷的夜晚，被迫进入一种蛰伏状态，极大地降低其原本非常旺盛的新陈代谢。

北美小夜鹰

Apus pacificus

白腰雨燕

Fork-tailed Swift

居留型： 旅鸟
常见度： ★★
级　别： 三有、LC

1	2	3	4	**5**	**6**	7	**8**	**9**	10	11	12

两型： 雌雄相似　　**体长：** 17 ~ 18 cm

识别： 整体黑褐色，腰显著白色，喉白色，胸腹具黑褐色鳞状斑纹。尾长而分叉较深。喙黑色，虹膜深褐色。

生境： 春、秋迁徙过境可出现在各类环境上空。

习性： 常集群活动，多与其他雨燕混群。常集飞在近山地带，下雨时，常结群在高空中不停地绕圈环飞。营巢于岩隙或山洞内。巢以杂草、枯叶等混着唾液粘在岩壁上，巢呈半圆杯状。

食性： 主要捕食蚊、蝇、蛾等各种飞虫。

管昊昱 摄

Hirundapus caudacutus

白喉针尾雨燕

White-throated Spinetail

居留型： 旅鸟
常见度： ★
级　别： 三有、LC

1	2	3	**4**	**5**	6	7	**8**	**9**	**10**	11	12

两型： 雌雄相似　　**体长：** 19 ~ 21 cm

识别： 整体为黑褐色，尾下覆羽白色并延伸至两胁，形成白色马蹄形斑。喉白色，腹面呈分明的白黑白 3 段，尾羽平直，末端具针状突起。喙黑色，虹膜深褐色。

生境 春秋过境出现于平原、山区等各种环境上空。

习性： 常单只或集小群活动，飞行急速。成群在空中觅食，有时低飞水面捕食，巢筑于陡壁上。

食性： 主要捕食各种飞虫。

蒲川 摄

● "飞行卷王"雨燕

雨燕生来就是为了飞行，一生大部分的时间都在飞行，进食、睡觉、换羽甚至交配都在空中进行，且它们一生不会落地，通常只在筑巢繁衍后代或短暂休息时在墙壁或岩壁上停留，只有凤头雨燕会停留在树枝或电线上。雨燕属攀禽，脚短小而弱，四趾朝前可以攀附在墙壁或崖壁上，但这种腿并不适合在地面上站立。

雨燕不仅飞行速度快，还有超强的续航能力。尖长的翼和流线型的身体使其速度能超过 150 km/h。那雨燕是如何在睡眠中飞行的呢？这要讲讲雨燕独特的睡眠技术，它们可以进行单半球慢波睡眠，允许半边大脑进入深度睡眠，对应的这边的眼睛也是闭上的，而另一边的大脑处于工作状态，对应的眼睛也是睁开的，这就是雨燕能够边飞行边睡觉的秘诀。雨燕还会利用飞行中上升的气流节省体力，这种上升气流可以使它们在空中停留更长时间而不必频繁地扇动翅膀。

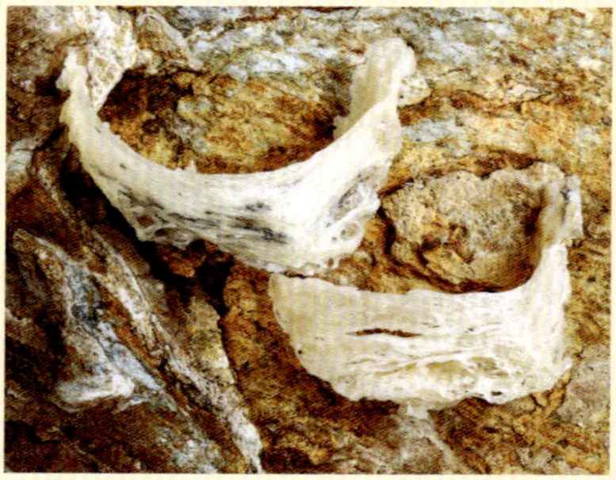
爪哇金丝燕的口水巢

大金丝燕的苔巢

金丝燕生活的洞穴

Cuculus canorus

大杜鹃

Common Cuckoo

居留型：夏候鸟
常见度：★★★
级　别：三有、LC

1	2	3	4	5	6	7	8	9	10	11	12

两型： 雌雄相似　　**体长：** 32 ~ 36 cm

识别： 虹膜及眼圈黄色至橙红色。雄鸟头颈至上胸浅灰色，两翼黑褐色，腹部近白色具黑色细横纹，尾部近黑色。雌鸟似雄鸟，部分个体颈、胸沾棕色；棕色型雌鸟上体棕红色，背部具黑色横斑。幼鸟枕部具白色斑块。鸣声为“布谷”两声一组。

生境： 栖于开阔林区、成片芦苇地。

习性： 常单独活动。繁殖期常停在电线或隐蔽在树林的枝叶间鸣叫，巢寄生。

食性： 主要捕食昆虫，尤其嗜吃各种鳞翅目幼虫。

Cuculus saturatus

中杜鹃

Himalayan Cuckoo

居留型：夏候鸟
常见度：★★
级　别：三有、LC

1	2	3	4	5	6	7	8	9	10	11	12

两型： 雌雄相似　　**体长：** 25 ~ 34 cm

识别： 虹膜褐色，眼圈黄色。雄鸟及灰色型雌鸟头颈至胸部灰色，上体深灰色，下体白色具黑色横纹，横纹比大杜鹃粗，尾羽黑灰色。棕色型雌鸟上体密布棕褐色和黑色横纹。幼鸟羽色偏暗，上体具浅色羽缘。鸣声为连续的“布咕咕咕～”。

生境： 栖于山地森林，迁徙时见于平原林地。

习性： 常单独在高树上层活动或站立或鸣叫，巢寄生。

食性： 主要捕食昆虫，尤其嗜吃各种鳞翅目幼虫。

Cuculus micropterus

四声杜鹃

Indian Cuckoo

居留型：夏候鸟
常见度：★★★
级　别：三有、LC

1	2	3	4	5	6	7	8	9	10	11	12

两型： 雌雄二型　　**体长：** 32 ~ 33 cm

识别： 虹膜褐色，眼圈黄色，尾具较宽的黑色次端斑是本种的主要识别特征。雄鸟头、颈及上胸灰色，上体暗灰色，腹部白色具黑色横纹。雌鸟较雄鸟多褐色，头、颈、胸沾棕褐色。鸣声似“光棍好苦”的四声音节。

生境 通常栖于森林及次生林的树冠层。

习性： 常单独活动，多只闻其声不见其鸟。

食性： 主要捕食昆虫。

雌鸟
颈、胸沾
棕色
朱迎春 摄

成鸟
石俊祥 摄

幼鸟
头、颈部
部分羽色
转灰色
王学辉 摄

雌鸟
孙海涛 摄

雌鸟

雄鸟
郑运祥 摄

Hierococcyx sparverioides

大鹰鹃

Large Hawk-cuckoo

居留型：夏候鸟
常见度：★
级　别：三有、LC

1	2	3	4	5	6	7	8	9	10	11	12

两型： 雌雄相似　　**体长：** 38 ~ 42 cm

识别： 喙灰黑色，下喙基淡绿色，虹膜及眼圈黄色。头至后颈深灰色，上体灰褐色。胸部棕色，腹部白色具黑色粗横纹，或染棕色，尾羽末端白色。幼鸟上体偏褐色具浅色羽缘，后颈具不规则白色斑，下体偏白色具黑褐色斑。鸣声似“贵贵阳”三声一组，愈叫愈响。

生境： 栖于有高大落叶树木的林地。

习性： 常单独活动，栖于林间鸣叫，藏身于树冠，常只闻其声不见其鸟。

食性： 主要捕食昆虫及其幼虫。

Eudynamys scolopaceus

噪鹃

Western Koel

居留型：夏候鸟
常见度：★★
级　别：三有、LC

1	2	3	4	5	6	7	8	9	10	11	12

两型： 雌雄二型　　**体长：** 39 ~ 46 cm

识别： 喙浅绿色或象牙白色，略下弯，虹膜红色，脚蓝灰色。雄鸟整体蓝黑色具金属光泽。雌鸟整体深褐色密布灰白色斑点，翼具浅色横斑，腹部污白色具暗褐色横斑，尾羽甚长密布浅色横纹。鸣声为连续的“哇呜”声。

生境： 栖于稠密的树林。

习性： 常单独活动，隐匿于大树茂密的树冠中，常只闻其声不见其鸟。巢寄生，对象多以喜鹊、红嘴蓝鹊等鸦科和椋鸟科鸟类为主。

食性: 主要捕食和取食各种昆虫和果实，食性较杂。

●杜鹃辨识

杜鹃属的鸟类辨识难度较大，且大杜鹃、中杜鹃、小杜鹃等有棕色型雌鸟，更增加了辨识的难度。5—7 月，便经常能听到大杜鹃的鸣唱，各大公园也都有四声杜鹃的鸣唱，这段时间可通过叫声将它们轻松区分。但过了求偶期，7 月过后及秋迁季杜鹃就不开口了，这时候就需要通过体色来判断了。中杜鹃和东方中杜鹃几乎无差别，需通过鸣声辨别。

鸟种	体长	虹膜	胸腹横斑	其他要点
大杜鹃	32~36 cm	黄至橙黄色	细	尾偏黑色，具白色横斑
小杜鹃	22~27 cm	褐色	粗	尾羽近黑色，具白色横斑
四声杜鹃	32~33 cm	褐色	中等粗细	尾羽灰色，具黑色次端斑
中杜鹃	25~34 cm	褐色	粗	尾羽灰黑色，具白色横斑
东方中杜鹃	30~34 cm	橙至褐色	粗	尾羽灰黑色，具白色横斑

●杜鹃的鸣唱差异

5 月过后，杜鹃进入繁殖季节，此时雄杜鹃会通过鸣唱吸引异性。根据多年的野外观察，不同种间的杜鹃鸣唱差异很大，而种内鸣唱则很稳定，我们可以通过鸣唱对它们进行辨识。

鸟种	鸣唱（拟声）	音节
大杜鹃	洪亮，穿透力强（布咕～布咕～）	双音节
小杜鹃	高亢急促（阴天打酒喝喝～）	五、六音节
四声杜鹃	轻快上扬（光棍好苦～）	四音节
中杜鹃	低沉平稳（布～咕咕咕～）	四音节
东方中杜鹃	极低沉、拖长音（咕咕～咕咕～）	双音节

Centropus bengalensis

小鸦鹃

Lesser Coucal

居留型：夏候鸟
常见度：★
级　别：国二、LC

1	2	3	4	5	6	7	8	9	10	11	12

两型：雌雄相似　　**体长：**30 ~ 40 cm

识别：喙黑色，虹膜深红色。成鸟头、颈、喉及下体为黑色，背及两翼栗红色，背及翼覆羽具白色羽轴。幼鸟羽色较淡呈棕褐色，上体密布黑色横纹。

生境：栖于山边灌木丛、沼泽地带、开阔的高草地、芦苇地等。

习性：常单独或成对活动。常栖地面，也喜停于灌木顶部，性机警而隐蔽，稍受惊动，即奔入密丛深处。

食性：主要捕食昆虫和其他小型无脊椎动物。

Clamator coromandus

红翅凤头鹃

Chestnut-winged Cuckoo

居留型：夏候鸟
常见度：★★
级　别：三有、LC

1	2	3	4	5	6	7	8	9	10	11	12

两型：雌雄相似　　**体长：**38 ~ 46 cm

识别：成鸟头黑色，头顶具黑色高羽冠，喉至上胸橙黄色，后颈部具白色颈环，背至尾羽黑色具蓝色光泽，两翼为栗红色，端部黑褐色。腹部近白色，尾下覆羽黑色。幼鸟上体具浅色羽缘，喉、胸偏白色。

生境：栖于开阔林区、果园及村庄周边的林地。

习性：常单独或成对活动，多活跃于高而暴露的树枝间，不似其他杜鹃喜藏匿于浓密的树枝丛中。繁殖季会发出“滴滴～”声。

食性：主要捕食昆虫、蜘蛛，偶尔取食植物果实。

●巢寄生鸟类

巢寄生是指寄生鸟类无需筑巢、孵卵和育雏，将卵产在其他鸟的巢中，并由其他鸟（称为寄主鸟）代为孵化和育雏的一种繁殖行为。可分为种间巢寄生和种内巢寄生，种间巢寄生指寄生鸟和寄主鸟属于不同的物种，种内巢寄生指寄生鸟和寄主鸟属于同一物种。

大杜鹃是最典型的专性种间巢寄生鸟类，即完全依赖这种方式进行繁殖的鸟类。大杜鹃主要寄生在寄主卵色与其卵色相似的一个或多个寄主巢中。在我国大杜鹃的寄主有很多种，主要寄主有东方大苇莺、黑眉苇莺、棕头鸦雀、白鹡鸰、北红尾鸲等。虽然大杜鹃这种行为，可谓是“精致的利己主义者”，但这其实也是一种利于它们繁衍后代的生存策略。

种内巢寄生是寄生鸟将部分或全部的卵产于同种其他鸟巢中，由同种其他鸟代为孵化和育雏。鸟类中有许多鸟存在种内巢寄生现象，比如白骨顶、鸳鸯、棕头鸦雀、中华秋沙鸭等均被发现过，相对于种间巢寄生，种内巢寄生较难被发现，因为同一种鸟类不同个体产的卵往往很相似。

巢寄生是鸟类的选择性繁殖策略，寄生原因有很多，主要分为 4 类：① 不利的环境条件限制了繁殖能力，如领域和巢址限制；② 巢被破坏；③ 终身专性寄生的鸟，如大多数杜鹃类鸟；④ 受孵化能力限制，如窝卵数、亲鸟身体条件、年龄或经验不足等，通过寄生可提高繁殖率。

王学辉 摄

管昊昱 摄

蒲川 摄

蒲川 摄

大杜鹃叼走寄主的蛋，换成自己的蛋

率先孵化的大杜鹃雏鸟将寄主的蛋推出巢外

寄主抚育个头明显超过自己的大杜鹃幼鸟

Alcedo atthis

普通翠鸟

Common Kingfisher

居留型：留鸟
常见度：★★★★
级　别：三有、LC

1	2	3	4	5	6	7	8	9	10	11	12

两型：雌雄二型　　**体长：**16～17 cm

识别：成鸟上体蓝绿色具金属光泽，耳羽橙红色，耳羽后具一白斑，颏、喉部白色。背中央至尾上覆羽亮蓝色，下体橙色。雄鸟喙全黑、尖长，虹膜褐色。雌鸟似雄鸟，但下喙为橙红色。幼鸟体色偏暗，少光泽，胸、腹显脏污。

生境：栖于各种形式的湿地。

习性：常单独或成对栖息于水库、池塘等近水的树枝或岩石上，见有猎物，立即以迅速凶猛的姿势，直扑入水中，用喙捕取。

食性：主要捕食鱼虾，偶尔捕食昆虫。

李国华 摄

王学辉 摄

石俊祥 摄

Halcyon smyrnensis

白胸翡翠

White-throated Kingfisher

居留型：留鸟
常见度：★★
级　别：国二、LC

1	2	3	4	5	6	7	8	9	10	11	12

两型：雌雄相似　　**体长：**27～28 cm

识别：喙粗长、赤红色。成鸟头、后颈、胸侧及腹以下栗色，颏、喉至胸部白色。背至尾羽蓝色具光泽，翼上小覆羽栗色，中覆羽黑色，大覆羽深蓝色，初级飞羽末端黑色，基部具一大白斑。

生境：栖于各种形式的湿地。

习性：常单独栖息于水边的电线、树枝或石头上，长时间望着水面，发现猎物后立刻飞到其上方，随后直扑入水中，用喙捕取。

食性：主要捕食昆虫、鱼、虾、软体动物、蜥蜴等，有时也捕食小鸟。

石俊祥 摄

王学辉 摄

王学辉 摄

石俊祥 摄

Ceryle rudis

斑鱼狗[1]

Pied Kingfisher

居留型： 留鸟
常见度： ★★★
级　别： 三有、LC

1	2	3	4	5	6	7	8	9	10	11	12

两型： 雌雄二型　**体长：** 27 ~ 31 cm
识别： 整体黑白色，喙黑色。成鸟上体黑色多具白色斑纹，头顶冠羽较小，具白色眉纹。初级飞羽基部和尾羽基部白色，下体白色。雄鸟胸部具 2 条黑色胸带，上胸带宽阔，下胸带较窄。雌鸟仅 1 条胸带，且中间断开。
生境： 栖于河流、湖泊、鱼塘等湿地。
习性： 常单独或集小群活动。常贴近水面低飞、悬停觅食，发现猎物后冲入水中捕食。
食性： 主要捕食鱼、虾、蟹、水生昆虫和蝌蚪等。

左雌鸟右雄鸟

王学辉 摄

Eurystomus orientalis

三宝鸟[2]

Oriental Dollarbird

居留型： 旅鸟
常见度： ★★
级　别： 三有、LC

1	2	3	4	5	6	7	8	9	10	11	12

两型： 雌雄相似　**体长：** 27 ~ 32 cm
识别： 喙红色、宽大，脚为并趾足。成鸟整体为蓝绿色，头部深褐色，喉部蓝紫色，飞行时初级飞羽基部具一浅蓝色斑。幼鸟喙偏黑色。
生境： 栖于林缘开阔地。
习性： 常单独或成对活动。喜静立于枯树枝头及人工建筑顶端，也常停栖在林间开阔地的零散树木上。从栖处起飞追捕昆虫，扑翅慢而重，有时三两只于黄昏一起翻飞或俯冲。
食性： 主要捕食昆虫。

朱迎春 摄

●环志和卫星追踪器

鸟类环志是指在鸟类身体上佩戴标记物并将其放归野外，通过再捕获、野外观察或数据采集等方法获取鸟类生物、生态学信息的科研活动。标记物包括金属脚环、彩色塑料脚环和脚旗、塑料翅标、塑料鼻环、卫星追踪器等。

鸟类环志是一种研究鸟类生态学的科学方法，较其他方法更能确切地摸清鸟类个体的运动规律，提供很多重要的生物学基础资料，环志数据为栖息地管理、鸟类保护提供依据。描述鸟类活动轨迹和迁徙路线，识别关键中途停歇地、繁殖地和越冬地；揭示鸟类繁殖节律，确定鸟类平均期望寿命和最大寿命；揭示工程建设、天气变化、人为活动等环境压力对鸟类迁徙、觅食等行为的影响；监测物种及种群数量，跟踪了解物种多样性及珍稀物种种群变化趋势；评估鸟类的健康水平，识别环境威胁因素等方面均有重要意义。开展鸟类环志活动必须由 2 名以上持有全国鸟类环志中心颁发的鸟类环志合格证书的人员参加，遵守鸟类环志技术规程，使用全国鸟类环志中心监制的鸟环或者其认可的其他标记物。

根据鸟类体型大小为其佩戴不同尺寸的脚环。

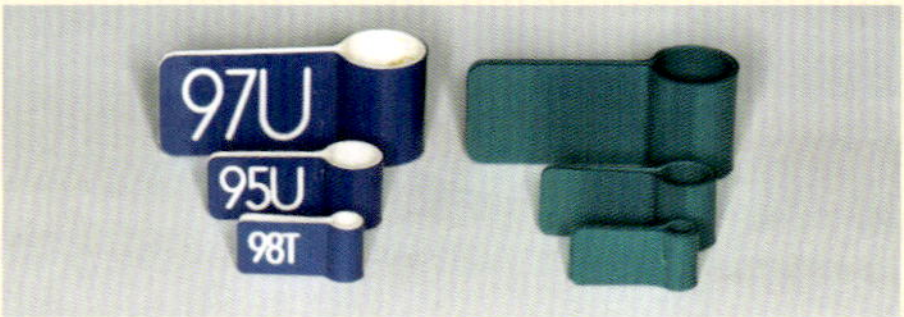

环志彩色旗标

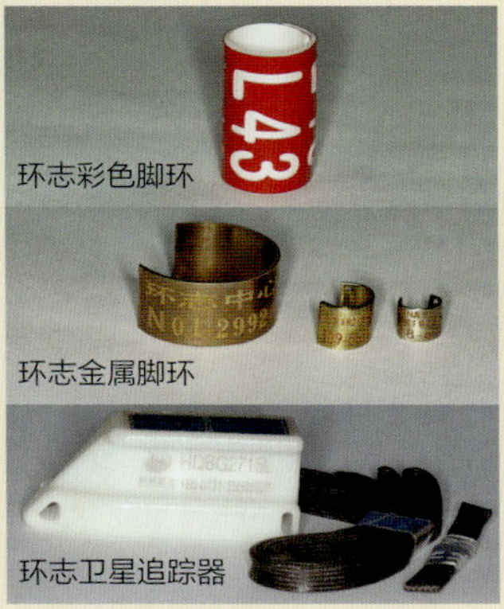

鸟类环志标记物及设备

佩戴在水鸟身体上的环志彩色旗标

Upupa epops

戴胜

Eurasian Hoopoe

居留型：留鸟

常见度：★★★★

级　别：三有、LC

1	2	3	4	5	6	7	8	9	10	11	12

两型： 雌雄相似　**体长：** 26～32 cm

识别： 喙细长而略下弯。成鸟头、颈、胸为黄棕色，头顶具极显著的橙黄色的长扇形冠羽，端部黑色。两翼及背具黑白相间的条纹，尾黑色，中央具宽阔白色横斑。

生境： 栖于开阔的农田、公园、郊野的地面和树干上。

习性： 常单独或2~3只小群活动。常于开阔潮湿地面利用喙戳入泥中探食，兴奋时冠羽立起，起飞后松懈下来。

食性： 主要捕食昆虫、蜘蛛、蚯蚓、螺等。

成鸟

石俊祥 摄

成鸟

孙海涛 摄

成鸟

孙海涛 摄

● **攀禽的巢穴**

鸟巢是鸟类为了繁育后代，便于产卵、孵化、哺育雏鸟而选择或筑造的临时性结构。鸟类的巢千姿百态，按照营巢地点和筑巢方式大致可以分为地面简巢、洞巢、编织巢、泥巢、水面浮巢等类型。

攀禽的脚相对较短，趾型多样，适于攀援或在树上停栖。除杜鹃类鸟类属于巢寄生外，大部分攀禽需要营造各种类型的洞巢繁殖后代。如啄木鸟会自己凿洞，雨燕会在岩壁上筑巢，翠鸟会在泥墙打洞，而戴胜、三宝鸟则利用天然树洞或啄木鸟的旧巢来抚育后代。

戴胜利用树洞繁殖后代

上雄鸟下雌鸟

王学辉 摄

普通翠鸟在泥墙打洞筑巢

雨燕家族的金丝燕会利用天然岩壁筑巢

Dendrocopos major

大斑啄木鸟

Great Spotted Woodpecker

居留型：留鸟
常见度：★★
级　别：三有、LC

1	2	3	4	5	6	7	8	9	10	11	12

两型： 雌雄二型　　**体长：** 20 ~ 24 cm

识别： 雄鸟枕部红色，头顶、后颈至背黑色，喙基侧面具黑色颊纹，与颈侧竖向黑带连接，脸颊、喉至胸、上腹污白色，臀部红色，初级飞羽具数条白色横纹，翼覆羽上具大的白色纵斑。雌鸟似雄鸟，枕部无红斑。

生境： 栖于林地、农田附近的树木及城市公园。

习性： 常单独或成对活动，善于攀登树木，啄破树皮，以细长而有钩的舌探入，钩出昆虫为食。利用树洞筑巢。

食性： 主要捕食昆虫，冬季取食植物种子。

管昊昱　摄

Picumnus innominatus

斑姬啄木鸟

Speckled Piculet

居留型：留鸟
常见度：★★
级　别：三有、LC

1	2	3	4	5	6	7	8	9	10	11	12

两型： 雌雄二型　　**体长：** 9 ~ 10 cm

识别： 雄鸟额、头顶至后颈红棕色，背及两翼棕色，具白色眉纹，过眼纹红棕色延伸至颈侧，下体污白色具黑色点斑。雌鸟似雄鸟，但是额、头顶至后颈均为橄榄绿色，过眼纹黑色。

生境： 栖于开阔稀疏的常绿阔叶林、竹林和林缘灌木丛。

习性： 常单独活动，营巢于树洞。觅食时会持续发出叩击声。

食性： 主要捕食昆虫。

陆信　摄

●啄木鸟的介绍

啄木鸟用长而有力的喙凿树干，并发出“笃笃笃”的啄木声，啄木频率达到每秒 15 ~ 20 次。那么，面对强烈的啄木冲击，啄木鸟为什么不会得脑震荡呢？目前有很多种观点：① 头部构造奇特，啄木鸟喙基部和头骨间存在多孔结构的海绵状骨骼，可起到缓冲减震；② 大脑和颅骨结合紧密，使得大脑不容易与颅骨发生相对运动而减小伤害；③ 舌头和头骨紧密缠绕，充当“安全带的功能”；④ 啄木鸟较小的头部和大脑尺寸，使其所受的冲击力相对较小；⑤ 啄木鸟喙是垂直啄击，保证了大脑不受到切向力。针对这个问题的研究也不少，但至今还不能完全回答这个问题。

啄木鸟还有一个特殊构造——舌头。它的舌头能伸缩，细长而富有弹性。舌头从上颌骨出发，从右鼻孔穿出，分叉成两条向上绕到颅骨后部，经过颈部两侧、下颚，在口腔中又合为一条。啄木鸟的舌头能够伸出 10 cm 的长度，根据种类不同，舌尖部还可能有黏液、倒钩刺，能捕捉藏在树干深处的昆虫。

啄木鸟的舌头

●既是“医生”又是“建筑师”的啄木鸟

近些年，有人说啄木鸟为捉虫会破坏树木，认为啄木鸟不是益鸟。而研究表明啄木鸟偏好在病树和枯树上觅食，现实中很少有因啄木鸟而死亡的树木。啄木鸟还控制着森林的昆虫数量，是名副其实的“森林医生”。而且啄木鸟还是个“建筑师”，它作为初级洞巢鸟，不仅为自己开凿用于繁殖的树洞，还为其他动物提供了安家之所，比如远东山雀、椋鸟、猫头鹰等次级洞巢鸟类需要利用天然树洞或啄木鸟制造的洞营巢。另外还能为松鼠等小型哺乳动物、爬行动物及无脊椎动物提供栖息繁殖地。可见，啄木鸟对森林的生物多样性及生态系统的稳定性大有裨益。

啄木鸟捕捉朽木中的昆虫

Picus canus

灰头绿啄木鸟

Grey-faced Woodpecker

居留型： 留鸟
常见度： ★★
级　别： 三有、LC

1 2 3 4 5 6 7 8 9 10 11 12

两型： 雌雄二型　　**体长：** 26 ~ 31 cm

识别： 喙近灰色，虹膜红褐色。雄鸟额红色，眼先黑色，具1条窄的黑色髭纹，头颈其余多为灰色。上体为黄绿色，下体为浅黄绿色。初级飞羽黑色具白色横纹。雌鸟似雄鸟，额及头顶黑色或灰色，而无红斑。

生境： 栖于山林、林缘、农田和城市树林。

习性： 常单独或成对活动。一般在树干中下部活动，螺旋向上爬行，春季常发出连续响亮的叫声，有时下至地面寻食蚂蚁。

食性： 主要捕食昆虫，亦取食浆果和植物种子。

Picoides canicapillus

星头啄木鸟

Grey-capped Woodpecker

居留型： 留鸟
常见度： ★★
级　别： 三有、LC

1 2 3 4 5 6 7 8 9 10 11 12

两型： 雌雄二型　　**体长：** 14 ~ 17 cm

识别： 喙灰色。雄鸟头顶灰色，眼后上方头侧具红色条纹常不可见，颈侧具1灰黑色斑。上体以黑色为主，具白色斑，下体污白色具黑褐色细纵纹。雌鸟似雄鸟，头侧无红色条纹。

生境： 栖于各类林地、城市公园、竹林、果园等。

习性： 常单独或成对活动，营巢于树洞中。飞行迅速，常以波浪形前进。喜在树上攀爬觅食，偶尔到地面取食。

食性： 主要捕食昆虫，亦取食植物种子。

王子昊 摄

Jynx torquilla

蚁䴕

Wryneck

居留型： 旅鸟
常见度： ★★
级　别： 三有、LC

1 2 3 4 5 6 7 8 9 10 11 12

两型： 雌雄相似　　**体长：** 16 ~ 19 cm

识别： 灰褐色啄木鸟，体羽斑驳。喙尖细，虹膜褐色，过眼纹深褐色，喉浅黄褐色。上体灰褐色具黑色纵纹和杂乱的灰白色斑点。下体羽色较淡，具黑褐色横纹和斑点，尾较长。

生境： 栖于阔叶林、针阔叶混交林等稀疏林地。

习性： 常单独活动，繁殖期则成对活动。栖于树枝或地面，不攀树，不錾啄树干取食。在地面活动时像麻雀一样跳跃。舌长，可伸入树洞或蚁巢中取食。

食性： 主要捕食蚂蚁及其卵。

陆信 摄

雌鸟
沈海波 摄

雄鸟
沈海波 摄

雌鸟
管昊昱 摄

雌鸟
王学辉 摄

成鸟

成鸟
管昊昱 摄

Pericrocotus cantonensis

小灰山椒鸟

Swinhoe's Minivet

居留型：夏候鸟
常见度：★★
级　别：三有、LC

1	2	3	**4**	**5**	**6**	**7**	**8**	**9**	10	11	12

两型：雌雄二型　**体长：**18 ~ 19 cm

识别：雄鸟上体灰色沾褐色，头顶前部及额白色并延伸至眼后，眼先为黑色，头顶至后颈灰色。腰至尾上覆羽浅褐色，下体白色沾浅褐色，两翼和中央尾羽为黑色沾褐色。雌鸟似雄鸟，但羽色暗淡，前额沾灰色。

生境：活动于平原或丘陵地带的林地，偏好具高大树木的阔叶林。

习性：常集群活动，呈波浪状飞行。在树冠层中捕食昆虫，以枯草、细枝、苔藓等材料营碗状巢。

食性：主要捕食昆虫。

Pericrocotus divaricatus

灰山椒鸟

Ashy Minivet

居留型：旅鸟
常见度：★★
级　别：三有、LC

1	2	3	**4**	**5**	6	7	8	**9**	**10**	11	12

两型：雌雄二型　**体长：**18 ~ 21 cm

识别：雄鸟上体深灰色，头顶前部及额白色，通常不过眼，头顶至后颈黑色，腰和尾上覆羽灰色，尾羽黑色为主。下体白色较干净，雌鸟似雄鸟，但羽色淡，前额灰白色，头顶至后颈为灰色。

生境：栖于低海拔的阔叶林和针阔叶混交林，常活动于林缘地带。

习性：常集群活动，飞行呈波浪状。营巢于高大乔木分枝处，巢碗状。

食性：主要捕食昆虫。

Pericrocotus solaris

灰喉山椒鸟

Grey-chinned Minivet

居留型：旅鸟
常见度：★★
级　别：三有、LC

1	**2**	**3**	4	**5**	6	7	8	**9**	10	11	**12**

两型：雌雄二型　**体长：**17 ~ 19 cm

识别：雄鸟头顶至上背深灰色，颏、喉和颊灰色，翼黑色具闪电状红色翼斑，下体、腰及尾上覆羽为红色，中央尾羽黑色，其余红色。雌鸟似雄鸟但红色部位为黄色，颏和喉偏白色。额深灰色可区别于其他山椒鸟。

生境：栖于阔叶林和针阔叶混交林，多在林缘活动和觅食。

习性：常集群活动，多见于树冠层。

食性：主要捕食昆虫。

雌鸟
头为灰色
腰及尾上覆
羽为浅褐色
蒲川 摄

雄鸟
白色眉纹过眼
薄顺奇 摄

雌鸟
先黑色延伸
喙基上方
头灰色
腰灰色
管昊昱 摄

雄鸟
白色眉纹通
常不过眼
管昊昱 摄

雌鸟
姚建兴 摄

雌鸟
翼斑黄色
姚建兴 摄

Lalage melaschistos

暗灰鹃鵙

Black-winged Cuckooshrike

居留型： 夏候鸟
常见度： ★★
级　别： 三有、LC

1	2	3	4	5	6	7	8	9	10	11	12

两型： 雌雄二型　　**体长：** 18 ~ 19 cm

识别： 雄鸟通体暗灰色，下体羽色与上体相近但略淡，尾下覆羽白色，两翼和尾羽黑色，3 枚外侧尾羽端部白色。雌鸟似雄鸟，但羽色较淡，下胸及两胁具暗横纹。

生境： 栖于开阔的阔叶林和混合林。

习性： 常单独或成对活动，偶尔集结成 3~5 只小群。多栖息于树上，在树林上层活动，很少到地面觅食。

食性： 主要捕食昆虫。

鸟类的婚配制度

鸟类的婚配制度可分为 4 类。

单配制　即一雄一雌制，是鸟类中最普遍的一种婚配方式。在繁殖期内，雌鸟和雄鸟共同承担筑巢、孵卵和育雏职责。这种配偶关系有的只维持一个繁殖季，如鸳鸯，有的种类可以维持多年或终身，如信天翁、天鹅、东方白鹳等。

一雄多雌制　在繁殖季里，一个雄鸟与多个雌鸟交配，交配后由雌鸟完成选巢址、筑巢、产卵、孵化和育雏等繁殖活动，雄鸟不参与，如丘鹬。

一雌多雄制　在繁殖季里，一个雌鸟与多个雄鸟交配并产卵，由雄鸟单独承担孵卵和育雏的职责，如水雉、彩鹬等。

混配制　包含一雄多雌和一雌多雄相混合的婚配制度，雄鸟和雌鸟均有可能承担孵化和育雏的职责。

单配制的鸳鸯

一雄多雌制的丘鹬

一雌多雄制的水雉

Lanius bucephalus

牛头伯劳

Bull-headed Shrike

居留型： 旅鸟
常见度： ★★
级　别： 三有、LC

1	2	**3**	**4**	**5**	6	7	8	**9**	**10**	11	12

两型： 雌雄二型　　**体长：** 19 ~ 21 cm
识别： 雄鸟头顶至后颈红棕色，具白色窄眉纹和黑色过眼纹；上体为灰色沾褐色，两翼偏黑色具白色翼斑，下颏及喉偏白色，胸、腹及两胁沾红棕色具细鳞状纹，胸腹部中央及尾下覆羽偏白色。雌鸟整体褐色较重，过眼纹深褐色，翼无白斑。幼鸟似雌鸟，但胸腹鳞纹密集且颜色更深。
生境： 偏好开阔生境，如林缘、城市公园、农田等。
习性： 常单独或成对活动。性活跃，喜在林缘活动，发现猎物立刻飞往扑食。
食性： 捕食昆虫、两栖类等。

Lanius cristatus

红尾伯劳

Brown Shrike

居留型： 夏候鸟
常见度： ★★★
级　别： 三有、LC

1	2	3	4	**5**	**6**	**7**	**8**	**9**	**10**	11	12

两型： 雌雄二型　　**体长：** 18 ~ 21 cm
识别： 雄鸟头顶至后颈为灰褐色或红褐色，有的亚种前额灰色，具黑色过眼纹，上体为棕褐色，两翼黑褐色，腹部皮黄色，尾羽红褐色。雌鸟似雄鸟，胸和两胁具较浅的鳞状细纹。幼鸟似雌鸟，但头上具暗色细纹，背有暗色鳞纹，胸和两胁具深色鳞状纹。
生境： 多见于开阔农田、灌木林缘和公园绿地疏林。
习性： 常单独或成对活动，性活泼，常在林缘突出的树枝上捕食昆虫。
食性： 捕食昆虫、小型鸟类和老鼠等。

Lanius tigrinus

虎纹伯劳

Tiger Shrike

居留型： 夏候鸟
常见度： ★★
级　别： 三有、LC

1	2	3	4	**5**	**6**	**7**	**8**	**9**	**10**	11	12

两型： 雌雄二型　　**体长：** 16 ~ 19 cm
识别： 雄鸟头顶至后颈灰色，额与过眼纹黑色，肩、背至尾上覆羽栗褐色具黑色鳞状斑，下体偏白色，尾羽栗色。雌鸟似雄鸟，眼先浅色，体侧具黑色横纹。幼鸟喙基淡粉色，头至背暗栗褐色布满暗色鳞纹，胸和两胁密布鳞状纹且更明显。
生境： 栖于低山和平原的森林、林缘及灌木丛中，喜开阔林地。
习性： 常单独或成对活动，性凶猛，喜在林缘活动，发现猎物立刻飞往扑食。
食性： 主要捕食昆虫，也会袭击小鸟和鼠类。

幼鸟
过眼纹深
褐色
喙基部
肉色
上体褐色
较重
鳞纹明显
吴建华 摄

雄鸟
过眼纹黑色
陆信 摄

幼鸟
头上及背上具
暗色斑纹
孙海涛 摄

幼鸟
徐鸿顺 摄

雄鸟
管昊昱 摄

幼鸟
头暗栗
褐色
喙基淡粉色
管昊昱 摄

Lanius schach

棕背伯劳

Long-tailed Shrike

居留型： 留鸟
常见度： ★★★★★
级　别： 三有、LC

1	2	3	4	5	6	7	8	9	10	11	12

两型： 雌雄相似　　**体长：** 21～25 cm
识别： 成鸟喙黑灰色，前额、过眼纹黑色，头顶至上背灰色，下背至尾上覆羽、两肋至尾下覆羽橙色，两翼、尾羽黑色，初级飞羽基部具小白斑。下体白色。幼鸟喙浅色，羽色偏暗，背有鳞纹。
生境： 栖于草地、灌木丛、农田、城市公园等各类开阔地带。
习性： 性凶猛，常单独活动。喜立于枝头或电线上，捕食飞行中的昆虫，也常猛扑地面活动的昆虫。
食性： 主要捕食昆虫，也捕食小鸟、青蛙、蜥蜴等小型动物。

Lanius sphenocercus

楔尾伯劳

Chinese Grey Shrike

居留型： 冬候鸟
常见度： ★★
级　别： 三有、LC

1	2	3	4	5	6	7	8	9	10	11	12

两型： 雌雄相似　　**体长：** 28～31 cm
识别： 整体黑、灰、白色。成鸟黑色过眼纹较窄且前端渐尖连接喙基，两翼黑色具粗的白色翼斑，中央尾羽黑色，外侧尾羽白色，下颊、喉及下体白色。飞行时可见明显的白色粗翼带。
生境： 多见于开阔荒野、灌木丛及杂草丛生地带。
习性： 常单独活动，喜停在凸出树干、灌木丛或电线上，会停在空中振翅并捕食猎物。
食性： 主要捕食昆虫，也捕食小型鸟类、鼠、蛇等小动物。

孙海涛 摄

王学辉 摄

卡利得 摄

Dicrurus hottentottus

发冠卷尾

Hair-crested Drongo

居留型：夏候鸟
常见度：★★
级　别：三有、LC

1	2	3	4	5	6	7	8	9	10	11	12

两型：雌雄相似　　**体长：**31 ~ 32 cm

识别：成鸟整体黑色泛蓝绿色光泽，头顶有多条毛发状饰羽，头至胸部具紫蓝色金属点斑。尾羽分叉不明显且外侧尾羽向中部卷曲。幼鸟羽色较暗淡、多沾褐色，少金属光泽，头顶发状饰羽不明显。

生境：栖于天然林、次生林和人工林中，也见于疏林、林缘以及公园和人工绿地。

习性：常单独或成对活动，主要在树冠层活动和觅食。

食性：主要捕食昆虫。

Dicrurus leucophaeus

灰卷尾

Ashy Drongo

居留型：旅鸟
常见度：★★
级　别：三有、LC

1	2	3	4	5	6	7	8	9	10	11	12

两型：雌雄相似　　**体长：**24 ~ 29 cm

识别：整体灰色，各亚种体色不同，江苏主要为 *leucogenis* 亚种，色浅。头部、上体及下体均为灰色，眼先、眼周部分偏白色，分界明显，前额为黑色小斑。尾较长，分叉深。幼鸟脸颊及眼周白色范围较小且不明显。

生境：栖于各种疏林地带。

习性：常单独或成对活动，喜立于林间空地的裸露树枝上，捕食来往昆虫，有时攀高或俯冲捕捉猎物。飞行时呈波浪状前行。

食性：主要捕食昆虫。

Dicrurus macrocercus

黑卷尾

Black Drongo

居留型：夏候鸟
常见度：★★★
级　别：三有、LC

1	2	3	4	5	6	7	8	9	10	11	12

两型：雌雄相似　　**体长：**27 ~ 30 cm

识别：成鸟整体黑色具蓝色光泽。尾羽长且分叉深。幼鸟腹部深灰色，具不明显的白斑。

生境：栖于树林、林缘地带、农田、郊区公园。

习性：常单独或成对活动，立于树顶或电线上。性凶猛，有时会攻击猛禽。常筑碗状巢于树枝。

食性：主要捕食昆虫。

成鸟
管昊昱 摄

成鸟
胸部具闪亮点斑

成鸟
尾长且分叉深
蒲川 摄

成鸟
眼周偏白色
朱迎春 摄

成鸟
孙海涛 摄

幼鸟
腹部深灰色，具不明显白斑
徐鸿顺 摄

Pitta nympha

仙八色鸫[1]

Fairy Pitta

居留型： 旅鸟
常见度： ★
级　别： 国二、VU

1	2	3	4	5	6	7	8	9	10	11	12

两型： 雌雄相似　　**体长：** 16 ~ 20 cm
识别： 成鸟喙全黑，头顶栗色具黑色中央线，眉纹皮黄色，黑色过眼纹由喙基延至颈后。背部绿色，翼上小覆羽、腰及尾上覆羽亮蓝色。喉及下颈侧白色，下体大部分污白色，下腹中央具一块延至尾下覆羽的红斑。幼鸟喙基红色。
生境： 喜潮湿低地，尤其在近水地带。
习性： 常单独或成对活动，在林下翻动落叶和腐烂的树干觅食。常长时间呆立不动，也会停歇在树枝上。胆小，地栖鸟类。
食性： 主要捕食昆虫、蚯蚓。

成鸟　王铎 摄

Alauda arvensis

云雀[2]

Eurasian Skylark

居留型： 冬候鸟
常见度： ★★
级　别： 国二、LC

1	2	3	4	5	6	7	8	9	10	11	12

两型： 雌雄相似　　**体长：** 16 ~ 18 cm
识别： 成鸟上体黄褐色，具黑褐色轴斑和浅色羽缘。头顶具较短的冠羽，眉纹为白色或棕白色，初级飞羽突出较长，次级飞羽具白色羽缘，飞行时可见白色翼后缘。尾羽黑褐色较长。
生境： 栖于开阔的平原、沼泽、 草地、农田、海岸等生境。
习性： 常集群活动，繁殖期成对活动。善奔跑，主要在地面活动。
食性： 主要捕食昆虫。

成鸟　陆信 摄

Alauda gulgula

小云雀[2]

Oriental Skylark

居留型： 留鸟
常见度： ★★★
级　别： 三有、LC

1	2	3	4	5	6	7	8	9	10	11	12

两型： 雌雄相似　　**体长：** 14 ~ 16 cm
识别： 成鸟上体黄褐色，具黑褐色轴斑和浅色羽缘。头顶具黄褐色冠羽，下体棕白色。与云雀较相似，但飞行时白色翼后缘不明显，停歇时初级飞羽突出较短，尾较短，喙比云雀粗长；也可通过鸣声分辨。
生境： 栖于多植被的草地、农田。
习性： 多成群活动，善奔跑，主要在地上活动。常从地面垂直飞至高空，停于空中振翅并大声鸣唱；下降时会在空中骤停。受惊吓时羽冠会竖起。
食性： 主要捕食昆虫。

成鸟　管昊昱 摄

幼鸟
喙基红色
管昊昱 摄

幼鸟
王学辉 摄

成鸟
朱迎春 摄

成鸟
初级飞羽突出
较长
尾较长
石俊祥 摄

成鸟
朱迎春 摄

成鸟
初级飞羽突出
较短
尾较短
石俊祥 摄

Oriolus chinensis

黑枕黄鹂[1]

Black-naped Oriole

居留型：夏候鸟
常见度：★★★
级　别：三有、LC

1	2	3	4	5	6	7	8	9	10	11	12

两型： 雌雄略异　**体长：** 23 ~ 28 cm

识别： 喙粉红色，虹膜暗红色。雄鸟整体鲜黄色，黑色过眼纹较宽且延至枕后，飞羽和尾羽黑色而羽缘为黄色。雌鸟似雄鸟，但背部橄榄黄色。幼鸟无过眼纹或较浅且窄，胸腹偏白具黑色纵纹。

生境： 栖于低山或平原的天然林、次生林以及人工林，也见于农田、荒地、原野、公园以及湖滨的高大乔木上。

习性： 常单独或成对活动，主要在高大乔木的树冠层活动。飞行呈波浪状，振翅幅度大。

食性： 主要捕食昆虫。

Terpsiphone incei

寿带[2]

Chinese Paradise Flycatcher

居留型：夏候鸟
常见度：★★
级　别：三有、LC

1	2	3	4	5	6	7	8	9	10	11	12

两型： 雌雄二型

体长： ♂18 ~ 49 cm　♀18 ~ 20 cm

识别： 雄鸟棕色型。头颈深蓝色具金属光泽，具明显羽冠，眼圈蓝色，背及尾羽栗红色，胸淡灰蓝，与喉分界明显。白色型的背，尾羽白色。繁殖期雄鸟中央尾羽甚长，非繁殖期无长尾羽。雌鸟似棕色型非繁殖期雄鸟，但羽色较淡。幼鸟似雌鸟，但羽色和喙色偏淡，蓝眼圈不明显。

生境： 栖于山区及平原地带的林地。

习性： 常单独或成对活动，多在中下层树枝间飞行。

食性： 主要捕食昆虫。

●羽毛的颜色

鸟类身上丰富的图案和色彩，主要取决于羽毛的色素色以及羽毛内部的结构。

色素色　也称为化学色，指化学物质产生的色素色在羽毛中沉积而形成的颜色，可以理解为人类用颜料染衣服的方式。鸟类给羽毛染色的“颜料”，一些是自身合成的，另一些则需要从食物中获取，比如黄色、红色。火烈鸟的羽毛呈现漂亮的粉红色，这源于它的食物中富含虾青素。

结构色　又称物理色，是借助羽毛上皮表面的物理结构、复杂的凹凸沟纹、羽小枝内的微小颗粒、气腔和液泡等对光线所起的折射和干涉作用而产生的色彩变幻。我们吃牛肉时，有时能看到的彩色金属光泽，就是结构色。翠鸟金属色的羽毛以及喜鹊和家燕看似黑色却闪着蓝色光泽的羽毛，变换角度观察还会呈现不同色彩，这些都是结构色。值得一提的是，一些鸟类的食物——蝴蝶翅膀上的五彩金属色也是结构色。

羽毛的历史悠久，从恐龙时期就开始演化形成了。科学家对一种特征非常接近鸟类的恐龙——赫氏近鸟龙进行了全身羽毛复原，发现其翅膀具黑白相间的条状纹，头顶具红褐色羽冠。科学家也推测，赫氏近鸟龙羽毛的形象意义可能大于飞行用途，显眼的羽毛可能是为了吸引异性或吓退捕食者。

鸟类的羽毛经过不断演化，形成了纷繁多彩的图案和形态。雄鸟一般拥有更绚丽的羽毛，一身华丽的羽毛更能吸引雌鸟，提高求偶成功率。

育雏 戴书生 摄

幼鸟 徐鸿顺 摄

雌鸟 卢寒 摄

雄鸟：白色型 王学辉 摄

●寿带的“巧巢”

寿带的巢一般筑在小乔木的主杈上，位置一般不高。巢呈圆锥状，巢口圆，底部尖，其外壁由植物花序、苔藓、羽毛和蜘蛛网等材料编织而成，内壁则由细草叶、草茎、棕榈丝、树皮纤维等精细材料构成。蛛网作为重要的巢材，在筑巢过程中被大量使用，它不仅具有黏附性，还能起到固定的作用。寿带在筑巢时善于就地取材，这使得巢穴与周围环境协调一致，有效降低了被捕食的风险。同时，为了进一步增强隐蔽性，巢的外缘通常还会包裹一层伪装性的苔藓，显示出其独特的构造智慧。

寿带的鸟巢

Cyanopica cyanus

灰喜鹊

Azure-winged Magpie

居留型：留鸟
常见度：★★★★★
级　别：三有、LC

1	2	3	4	5	6	7	8	9	10	11	12

两型： 雌雄相似　**体长：** 33 ~ 37 cm

识别： 成鸟整体以灰蓝色为主，头上、耳羽至后颈黑色，颏、喉至下颈为白色。肩、背至尾上覆羽灰色，两翼和尾羽为天蓝色，尾羽较长，中央尾羽末端为白色。胸、腹至尾下覆羽为灰白色。幼鸟上体具白色羽缘，显斑驳，头上、耳羽至后颈为灰黑色，喙基沾粉色。

生境： 栖于城市公园、农田、次生林及人工林和村庄，喜伴人而居。

习性： 跳跃行进，成对或成小群活动。

食性： 主要捕食昆虫，偶尔取食植物的果实、种子。

成鸟　孙海涛 摄

Pica serica

喜鹊

Oriental Magpie

居留型：留鸟
常见度：★★★★★
级　别：三有、NR

1	2	3	4	5	6	7	8	9	10	11	12

两型： 雌雄相似　**体长：** 40 ~ 51 cm

识别： 成鸟头、颈、胸、背为黑色，肩、腰及腹部白色，翼及尾羽蓝绿色具金属光泽。飞行时，可见背两侧白色肩羽及初级飞羽大片白斑。尾羽甚长，两侧较短。

生境： 栖于开阔山地、平原的次生林及人工林、城市公园和村庄，喜伴人而居。

习性 常单独或成群活动，迈步行进。多从地面取食，巢多建在高大乔木及高压铁塔上，巢体较大，由树枝筑成，巢内垫有杂草、羽毛、苔藓等。

食性： 主要以昆虫和植物的果实、种子及谷物为食。

成鸟　孙海涛 摄

●喜鹊和灰喜鹊的社会性

灰喜鹊属于社群性生活的鸟类。它们的巢彼此靠得很近，常常形成一个集体繁殖领域，在同一繁殖领域内繁殖的灰喜鹊实行集体警戒和集体防御。一旦发生危险，负责警戒的灰喜鹊会发出报警声，听到报警的鸣声后，灰喜鹊们会集体出动联合驱赶进入巢区的鸦科、杜鹃科鸟类及猛禽。

喜鹊除繁殖期间成对活动外，常结成 3~5 只的小群活动，秋冬季节常集成数十只以上的大群。性凶猛，好斗性强，擅长群殴，且具有很强的领地意识，经常成群结队狙击各类猛禽或比它大几倍的鸟，将其驱离种群活动区域以外。喜鹊特别喜欢“摇人”，通过群体的力量抵御外敌，就连猛禽一般也很少招惹它们。但落单的喜鹊，也会被一些猛禽如雀鹰和燕隼捕食。

喜鹊集体狙击黑翅鸢

幼鸟
孙海涛 摄

成鸟
石俊祥 摄

幼鸟
蒲川 摄

成鸟
杨勇 摄

●灰喜鹊和它的“远房亲戚”

灰喜鹊虽然“姓灰”，但它颜值很高，看看它的英文名就知道了：Azure-winged Magpie，意为天蓝色翅膀的喜鹊，再配上修长的尾羽，飞起来就像飘逸的仙子。在城市公园里我们常能看到成群的灰喜鹊吵吵闹闹地出现。

灰喜鹊是不折不扣的东亚特产，仅分布于长江流域及北部、青藏高原以东的部分东亚地区。神奇的是，在遥远大陆另一边的伊比利亚半岛的葡萄牙和西班牙生活着它的远房亲戚蓝尾灰喜鹊（*Cyanopica cooki*），它们长相极为相似，最大区别便是无白色尾羽端部。以前人们一直将这两种天各一方的鸟儿视为一家子，最近，科学家通过遗传学分析确定其为两个独立物种。但它们之间必然有着千丝万缕的联系，科学家研究认为是第四纪冰川期导致欧亚大陆的森林栖息地碎片化，形成了地理隔离，阻隔了东亚与伊比利亚半岛的种群交流。

蓝尾灰喜鹊

Urocissa erythroryncha
红嘴蓝鹊
Red-billed Blue Magpie

居留型：留鸟
常见度：★★
级　别：三有、LC

1	2	3	4	5	6	7	8	9	10	11	12

两型：雌雄相似　　**体长：**53 ~ 68 cm
识别：喙红色。成鸟头顶至后颈灰白色，其余头颈部及胸部黑色。上体紫灰色，两翼及尾上覆羽紫蓝色，腹部及尾下覆羽白色，中央尾羽延长具白色端斑，其余尾羽端部白色、次端黑色，长度向两侧依次变短，形成了黑白相间的带状斑。
生境：栖于山地及平原的阔叶林、针叶林以及针阔叶混交林，也见于次生林、人工林和城市公园。
习性：常成对或集小群在树上活动，性情凶猛。
食性：主要捕食昆虫，偶尔取食植物果实、种子。也会侵入其他鸟类的巢，捕食幼鸟和蛋。

成鸟
沈海波 摄

Dendrocitta formosae
灰树鹊
Grey Treepie

居留型：留鸟
常见度：★★
级　别：三有、LC

1	2	3	4	5	6	7	8	9	10	11	12

两型：雌雄相似　　**体长：**36 ~ 40 cm
识别：头顶至枕部灰白色，额、眼先、眼周黑色。背棕褐色，翼黑色，初级飞羽基部具白斑，腰及尾上覆羽浅灰色，尾羽黑色、甚长，中央尾羽大部分灰色。下体灰白色，尾下覆羽橙色。
生境：栖于阔叶林、针阔叶混交林中，也见于天然林、人工林和城市公园。
习性：常单独或集小群活动。树栖性，多于乔木中上层活动。
食性：偏肉食性，主要捕食昆虫，也吃植物种子和浆果。

成鸟
管昊昱 摄

● 鸟类对羽毛的护理

羽毛对鸟类至关重要，不仅可以帮助鸟类飞行，还具有防水、保温、伪装、吸引异性及其他的特殊功能。因此，鸟类平时会花费大量时间去梳理羽毛，以保持羽毛干净、干燥、没有寄生虫且排列整齐。

我们经常看到鸟类用喙非常细致地梳理全身羽毛，甚至会采取各种扭曲的姿势去梳理难以梳到部位的羽毛。鸟类还喜欢水浴、沙浴、蚁浴或日光浴，通过这种“洗澡”方式来清理羽毛上的污垢和寄生虫，以保持羽毛洁净、健康和美观。

东方鸻梳理羽毛

● **识别异常鸟类**

有时，我们野外观鸟时会发现有些鸟类的外形特征不符合其他所有可能种类的特征。如何去识别这些异常鸟类?

羽色异常 因为一些特定色素的缺失，导致鸟类羽色异常，出现羽色白化或白变现象。也有可能是身体上羽毛沾染油污或其他污染物，或处于换羽期导致鸟类部分羽色异常。这时我们需要综合鸟类的体型大小、行为习性、鸣声等信息进行鸟种识别。

杂交个体 在野外偶尔会遇到两种鸟的杂交后代。杂交个体多数包含了两个亲鸟的共同特征，可通过杂交个体表现出的不同特征去判别它“可能”或“疑似”的两种亲鸟鸟种。

饲养和逃逸的鸟 指不是本地野外自然分布，也不属于迷鸟，而是在饲养、运输过程中逃逸或被放生的鸟。这些鸟可能会因不适应野外自然环境而死亡，也可能会适应环境并建立起稳定的种群，成为当地的外来入侵物种。

左边为白变的白骨顶，右边为正常的白骨顶

Bombycilla japonica

小太平鸟

Japanese Waxwing

居留型： 冬候鸟
常见度： ★
级　别： 三有、NT

1	2	3	4	5	6	7	8	9	10	11	12

两型： 雌雄相似　　**体长：** 17 ~ 19 cm
识别： 整体粉褐色，成鸟过眼纹黑色且延至羽冠，喉部黑色，大覆羽具红色翼斑，初级飞羽羽缘白色具红色斑纹。尾羽末端红色，次端近黑色，尾下覆羽栗红色。
生境： 栖于山地、平原的多林地带。
习性： 常与太平鸟混群活动。常数十只或数百只聚集成群。除饮水外，很少下地。
食性： 主要取食植物的果实及种子，亦捕食少量昆虫。

Bombycilla garrulus

太平鸟

Bohemian Waxwing

居留型： 冬候鸟
常见度： ★
级　别： 三有、LC

1	2	3	4	5	6	7	8	9	10	11	12

成鸟
石俊祥 摄

两型： 雌雄相似　　**体长：** 19 ~ 22 cm
识别： 太平鸟似小太平鸟，但过眼纹黑色止于眼后，不延伸至羽冠，两翼具白色翼斑，初级飞羽羽缘白色具黄色斑纹，尾羽末端黄色，次端黑色，尾下覆羽栗红色。
生境： 栖于山地、平原的多林地带。
习性： 除繁殖期成对活动外，多成群活动。活动在树木顶端，飞行时鼓动两翼急速直飞。
食性： 主要取食植物果实，尤喜浆果，在繁殖期主要捕食昆虫。

●小太平鸟和太平鸟介绍

太平鸟又被称为大太平鸟、十二黄，因其十二根尾羽尖端均为黄色而得名。

小太平鸟体型略小于太平鸟，故得名“小太平鸟”，又因其尾端呈鲜艳的绯红色，又被称为十二红。

一大一小的“黄兄红弟”因其亮丽的颜色和吉祥的名字，深得人们喜爱。

它们主要食物是植物的果实，尤其喜爱浆果。有趣的是，太平鸟吃了发酵的浆果，可能会醉倒在树下。如果野外碰到这种情况，最好不要理会。

分布于北美地区的雪松太平鸟

太平鸟集群觅食植物果实

小太平鸟集群活动

Remiz consobrinus

中华攀雀[1]

Chinese Penduline Tit

居留型：冬候鸟 / 旅鸟
常见度：★★★
级　别：三有、LC

1	2	3	4	5	6	7	8	9	10	11	12

两型： 雌雄二型　**体长：** 10 ~ 11 cm

识别： 成鸟喙灰色。雄鸟头顶至后颈灰色，前额及过眼纹黑色并相连，喉及下颊偏白色，下体皮黄色。背棕色，翼及尾羽暗褐色，凹尾。雌鸟似雄鸟，但羽色较淡，头顶至后颈灰褐色，前额及过眼纹黑褐色。幼鸟喙基黄褐色，过眼纹淡褐色。

生境： 栖于疏林、阔叶林及高草地，尤喜芦苇、灌草丛。

习性： 常集群活动。性活泼，多于芦苇丛中飞翔或跳跃，在近水域的阔叶林上营造囊袋状的巢。

食性： 以昆虫、草籽、浆果和植物的嫩芽为食。

雄鸟
赵海洋 摄

Pardaliparus venustulus

黄腹山雀[2]

Yellow-bellied Tit

居留型：冬候鸟
常见度：★★★
级　别：三有、LC

1	2	3	4	5	6	7	8	9	10	11	12

两型： 雌雄二型　**体长：** 9 ~ 11 cm

识别： 雄鸟头、喉至颈黑色，颊至颈侧具一白斑，背主要为蓝黑色，翼上具2道白色翼带，腰灰色。胸至尾下覆羽亮黄色。雌鸟似雄鸟，但头顶至背灰绿色，颊及耳羽白色，下颊纹灰绿色；颏、喉白色。

生境： 栖于林地、城市公园。

习性： 非繁殖期集 10 ~ 30 只的群体活动，多数时间在树枝间、灌木丛中跳跃穿梭。

食性： 主要捕食昆虫，偶尔取食植物的果实和种子。

雄鸟
卡利得 摄

Parus minor

大山雀[2]

Japanese Tit

居留型：留鸟
常见度：★★★★
级　别：三有、NR

1	2	3	4	5	6	7	8	9	10	11	12

两型： 雌雄相似　**体长：** 12 ~ 14 cm

识别： 成鸟头、颈亮黑色，与白色的颊斑和枕斑对比强烈。上背黄绿色，翼上具1道白色翼斑，尾羽为蓝灰色且较长。下体白色，腹中央黑色带羽与黑色前颈相连。

生境： 栖于林地、城市公园。

习性： 常单独或成对活动。性较活泼而胆大，不甚畏人。常在树枝间穿梭跳跃，或飞翔于树丛间，略呈波浪状飞行。

食性： 主要以昆虫、植物的种子为食。

成鸟
蒲川 摄

雌鸟
孙海涛 摄

雌鸟
蒲川 摄

雌鸟
王学辉 摄

雌鸟
王学辉 摄

成鸟
上背黄绿色
王学辉 摄

幼鸟
蒲川 摄

Aegithalos concinnus

红头长尾山雀

Black-throated Bushtit

居留型： 留鸟
常见度： ★★
级　别： 三有、LC

1	2	3	4	5	6	7	8	9	10	11	12

两型： 雌雄相似　　**体长：** 10 ~ 11 cm

识别： 喙黑色，虹膜灰白色。成鸟头顶红棕色，黑色宽过眼纹从喙基延伸至后颈侧，背暗灰色，尾长、灰褐色。颏、喉白色，喉中部具黑色半圆形斑，胸及两肋红棕色，其他下体白色。幼鸟头顶、胸及两肋皮黄色，喉白色无黑斑，下颈具黑色杂纹带。

生境： 栖于多林地带、果园和茶园。

习性： 常集十余只或数十只活动。性活泼，常不停地在树枝间跳跃。边取食边不停地鸣叫，叫声低弱。

食性： 主要以昆虫、植物的果实及草籽为食。

成鸟

管昊昱 摄

幼鸟

成鸟

朱迎春 摄

Aegithalos glaucogularis

银喉长尾山雀

Silver-throated Bushtit

居留型： 留鸟
常见度： ★★★★
级　别： 三有、LC

1	2	3	4	5	6	7	8	9	10	11	12

两型： 雌雄相似　　**体长：** 11 ~ 13 cm

识别： 成鸟顶冠纹白色，侧冠纹黑色，前额和眼先黄色，颊和颈侧污白色，喉中部具黑色斑块。下体为污白色，下腹至尾下覆羽沾粉色。尾羽较长、黑灰色，外侧尾羽外缘白色。幼鸟羽色暗淡，较斑驳，胸棕红色。

生境： 栖于针叶林、针阔叶混交林和城市公园。

习性： 常集小群活动，冬季偶尔可集成上百只的群体，行动敏捷，常在树冠间或灌木丛顶部跳跃。

食性： 主要捕食昆虫。

成鸟

李国华 摄

成鸟
管昊昱 摄

成鸟
王跃先 摄

幼鸟

Pycnonotus sinensis

白头鹎

Light-vented Bulbul

居留型：留鸟
常见度：★★★★★
级　别：三有、LC

1 2 3 4 5 6 7 8 9 10 11 12

两型： 雌雄相似　**体长：** 18 ~ 19 cm

识别： 成鸟眼后白色宽纹延至枕后，头顶黑色，眼先灰白色，颏、喉白色。上体灰绿色，两翼和尾羽灰褐色具黄绿色羽缘。幼鸟头部灰色，无白斑。

生境： 栖于城市公园、开阔林区、人工林等各种生境。

习性： 常集群活动。性活泼，不甚怕人，常在树枝间跳跃，或飞翔于树木间，不做长距离飞行。

食性： 主要捕食昆虫，亦取食植物的果实和种子。

石俊祥 摄

石俊祥 摄

石俊祥 摄

Spizixos semitorques

领雀嘴鹎

Collared Finchbill

居留型：留鸟
常见度：★★
级　别：三有、LC

1 2 3 4 5 6 7 8 9 10 11 12

两型： 雌雄相似　**体长：** 21 ~ 23 cm

识别： 喙象牙白至乳黄色，短而粗厚。整体黄绿色，头、颈偏黑色，脸颊具白色细纹，喉下具白色颈环；尾端部黑色。幼鸟头部为灰黑色，躯干为暗绿色，下体羽色偏淡。

生境： 通常于林地、灌木丛及平原地带活动。

习性： 单独或成群活动，常停栖在光秃的树枝或电线上。

食性： 主要取食植物的果实和种子，亦捕食昆虫。

王铎 摄

成鸟
孙海涛 摄

成鸟
头黑色，
颊具白
色细纹
整体黄
绿色
王铎 摄

幼鸟
朱迎春 摄

Hypsipetes leucocephalus

黑短脚鹎

Black Bulbul

居留型：夏候鸟
常见度：★★
级　别：三有、LC

1	2	3	**4**	**5**	**6**	**7**	**8**	9	10	11	12

两型：雌雄相似　　**体长：**23～27 cm

识别：喙、脚鲜红色，具短羽冠。分白头型和黑头型两种：白头型成鸟头、颈至胸部白色，其他体羽为黑色；黑头型成鸟通体黑色；尾呈浅叉状。幼鸟头部不白，躯干黑灰色，喙及脚深褐色沾黑，随年龄增长逐渐变红，下体偏灰色。

生境：栖于低山、开阔的林地。

习性：单独或集小群活动，常在树冠层来回飞翔，或站在枝头。

食性：主要捕食昆虫，也吃植物的果实、种子。

成鸟
陆信 摄

Hemixos castanonotus

栗背短脚鹎

Chestnut Bulbul

居留型：留鸟
常见度：★★
级　别：三有、LC

1	**2**	**3**	**4**	**5**	**6**	**7**	**8**	**9**	**10**	**11**	**12**

两型：雌雄相似　　**体长：**19～22 cm

识别：喙黑色。成鸟头顶黑色，具冠羽，额基为栗色，喉白色。颊至后侧、背至腰为栗色，翼和尾羽黑褐色，胸和两胁浅灰色，腹部和尾下覆羽白色。

生境：栖于低茂密树林和林缘地带。

习性：成对或集小群活动，常在乔木冠层活动，也会到林下灌木或小树上活动、觅食。

食性：主要取食植物的果实和种子，亦捕食昆虫。

成鸟
蒲川 摄

●鸟类羽色异常白色

在野外，我们偶尔会发现极个别鸟类羽毛白色异常，这属于白化还是白变呢？

鸟类的白化和白变是两种不同的现象。白化是由于基因突变，鸟类体内缺失酪氨酸酶，导致鸟类的羽毛、皮肤和眼睛缺乏黑色素，表现出完全的白色，眼睛呈现透明的红色或粉色。白变是由于鸟类体内的黑色素细胞不能完全发挥作用，导致部分或全部羽毛变白，属于黑色素细胞功能减弱但并不完全缺失，除了变白的部分，其他部位的羽色可能正常，眼睛颜色通常正常或变淡。

总的来说，白化是全面的色素缺失，全身羽毛变白，虹膜、喙和脚为淡粉色；而白变是局部的色素缺失，体羽大部分白色，虹膜、喙和脚为正常色。白化或白变鸟类个体因缺乏保护色而易被天敌捕食，在自然环境中的生存能力往往低于正常个体。

斑嘴鸭的白变个体（虹膜、喙、脚正常）

白头鹎的白化个体（喙、脚粉色，虹膜透明红色）

鹊鸲的白变个体（部分羽色变白）

Cecropis daurica

金腰燕

Red-rumped Swallow

居留型：夏候鸟
常见度：★★★★
级　别：三有、LC

1	2	3	**4**	**5**	**6**	**7**	**8**	**9**	10	11	12

两型： 雌雄相似　　**体长：** 16 ~ 17 cm

识别： 成鸟头顶及上体深蓝色，具金属光泽，颊至后颈黄棕色，腰橙黄色。下体淡皮黄色密布黑色细纵纹，尾深叉状，外侧尾羽特长。

生境： 栖于城镇、村庄、农田和河流等开阔区域。

习性： 伴人而居。大部分时间在田野及水面上空飞翔，或停在电线上。飞行轻盈而悠闲，迅速而灵巧。

食性： 主要捕食昆虫。

Hirundo rustica

家燕

Barn Swallow

居留型：夏候鸟
常见度：★★★★★
级　别：三有、LC

1	2	3	**4**	**5**	**6**	**7**	**8**	**9**	10	11	12

两型： 雌雄相似　　**体长：** 17 ~ 19 cm

识别： 成鸟头及上体深蓝色，具金属光泽，眼先黑色，前额、喉至胸中部栗红色，且胸具蓝黑色胸带，腹部至尾下覆羽为白色，尾深叉状，外侧尾羽特长。幼鸟羽色暗淡，无延长的尾羽。

生境： 栖于农田、荒野以及靠近水边的环境，主要营巢在人类房屋内外的墙壁上、屋檐下或横梁上，由雌雄亲鸟轮流衔泥筑巢。

习性： 伴人而居。善飞行，飞行迅速敏捷，在空中来回穿梭捕食昆虫。

食性： 主要捕食空中飞行的昆虫。

Riparia riparia

崖沙燕

Sand Martin

居留型：旅鸟
常见度：★★
级　别：三有、LC

1	2	3	**4**	**5**	6	7	8	**9**	**10**	11	12

两型： 雌雄相似　　**体长：** 12 ~ 13 cm

识别： 成鸟上体灰褐色，两翼色较深，眼先黑褐色。喉白色，胸部具明显的深褐色胸带。下体白色，尾羽深褐色，呈浅叉状。幼鸟上体具明显的浅色鳞片状羽缘，喉淡黄色。

生境： 栖于开阔河流、沼泽、湖泊岸边的沙滩、沙丘和沙质岩坡。

习性： 成群在水面上空来回穿梭飞翔或停在电线上，会与其他燕类混群。营巢于沙质岩壁之上。

食性： 主要捕食飞行中的昆虫。

成鸟
腰橙黄色
孙海涛 摄

成鸟
孙海涛 摄

成鸟
腰深蓝色
孙海涛 摄

成鸟
孙海涛 摄

成鸟
郑运祥 摄

育雏

● 看巢识燕子（图鉴页见 208 ~ 209 页）

在城市里，我们能观察到两种燕子的泥巢，那就是家燕和金腰燕的泥巢。根据两种巢的外形、材料、开口等特征，可以精准识别是哪种燕子的巢穴。

燕子的泥巢由泥土、枯草再混以口水而成，泥土如水泥，枯草似钢筋，筑成的巢结构稳固。家燕是中国最常见、分布最广的燕子，巢贴在垂直的墙壁或墙角上，半碗形，开口向上，外侧有许多杂乱的草茎。而金腰燕则不同，它们直接在屋顶或者屋顶与墙夹角处筑巢，整个巢穴像是切开一半的花瓶，开口在侧面。外侧基本由泥土构成，没有杂乱的草茎，看起来比较精巧。

金腰燕的燕巢

Troglodytes troglodytes

鹪鹩[1]

Eurasian Wren

居留型： 冬候鸟
常见度： ★
级　别： 三有、LC

1 2 3 4 5 6 7 8 9 10 11 12

两型： 雌雄相似　**体长：** 9 ~ 11 cm
识别： 体型短小、紧凑。成鸟整体栗褐色，具黑色细横纹，羽色斑驳；眉纹及喉部为皮黄色，两翼短而圆，尾短、常上翘。幼鸟羽色较淡，喙较黄。
生境： 栖于山地河谷溪流附近以及森林的茂密灌木丛，冬季迁徙到平原、丘陵地带。
习性： 性情隐蔽，常在较阴暗的灌木丛中快速移动。
食性： 主要捕食昆虫。

Abroscopus albogularis

棕脸鹟莺[2]

Rufous-faced Warbler

居留型： 留鸟
常见度： ★★
级　别： 三有、LC

1 2 3 4 5 6 7 8 9 10 11 12

两型： 雌雄相似　**体长：** 8 ~ 9 cm
识别： 喙黄褐色，上喙色较深。成鸟头棕黄色具黑色侧冠纹，喉白色具斑驳的黑色斑纹。上体橄榄绿色，腰黄色；飞羽和尾羽深褐色具橄榄绿色外羽缘。下体近白色，胸略带黄色，尾下覆羽黄色。幼鸟头棕黄色较淡，侧冠纹不明显，喉部黑色斑纹不明显或无。
生境： 栖于阔叶林、次生林、竹林。
习性： 常单独或集小群活动。鸣唱声为清亮带颤音的“叮铃铃铃 ~”，似电铃声。
食性： 主要捕食昆虫。

家燕的繁殖过程

“小燕子，穿花衣，年年春天来这里。”这句歌词道出了燕子迁徙的习性。江苏地区最常见的是家燕和金腰燕，属夏候鸟。春分左右，便有零星几只早早到来的燕子，清明一过，燕子们开始在田野上空集会，开始盛大的“相亲大会”。配对成功，就要准备养娃了。首先要造“房子”，夫妻合力，大约 10 天就可完成，有时也会利用旧巢。雌鸟产 3~6 枚卵，半个月左右小燕子就可破壳而出。燕爸燕妈不辞辛劳捕捉虫子喂养雏鸟，大概 22 天，小鸟就出巢蹦跶了，再过个 10 天小燕子就可以独立生活了。第一窝结束后燕子通常还会再生第二窝。

以前燕子们在悬崖或山洞里筑巢。随着房屋的出现，它们找到了更加合适的巢址。但是城市的高楼建筑往往不能为其提供良好的巢址，又难以找到筑巢用的湿泥巴，加之缺失遮风挡雨的屋檐，导致城市内家燕的数量呈下降趋势。

家燕的燕巢

Horornis canturians

远东树莺

Manchurian Bush Warbler

居留型： 夏候鸟
常见度： ★★
级　别： 三有、LC

1	2	3	4	5	6	7	8	9	10	11	12

两型： 雌雄相似　　**体长：** 15 ~ 18 cm

识别： 上体棕褐色的大型树莺，无顶冠纹，无翼斑。成鸟额和头顶红褐色，眉纹较长、污白色，过眼纹暗褐色。尾较长，下体污白色，两肋和尾下覆羽淡褐色或皮黄色。雌鸟似雄鸟，但体型较小。

生境： 栖于林缘附近的灌木丛、高草丛或稀疏的阔叶林。

习性： 常单独活动，性胆怯，多在灌木丛或草丛下部低枝间或地面活动觅食。繁殖期间喜欢站在高的灌木和幼树的顶枝鸣叫。

食性： 主要捕食昆虫。

石俊祥 摄

Horornis fortipes

强脚树莺

Brown-flanked Bush Warbler

居留型： 留鸟
常见度： ★★
级　别： 三有、LC

1	2	3	4	5	6	7	8	9	10	11	12

两型： 雌雄相似　　**体长：** 11 ~ 13 cm

识别： 喙较细直，上喙深褐色，下喙黄褐色。上体橄榄褐色，眉纹皮黄色较模糊，黑褐色过眼纹不明显。下体灰白色，胸侧、两肋及尾下覆羽染褐黄。

生境： 栖于果园、公园绿地、耕地附近的林地。

习性： 常单独或成对活动，性胆怯，藏匿于林下灌木丛或草丛中，不善飞翔，常在灌木丛枝叶间跳跃穿梭。

食性： 主要捕食昆虫，偶尔取食植物的果实、种子。

薄顺奇 摄

● 江苏莺类的分类

江苏莺类可分为树莺科、苇莺科、柳莺科、蝗莺科 4 个科。

树莺科（Cettiidae） 除了棕脸鹟莺体羽以橄榄绿色为主，其他以褐色为主，具眉纹，喙尖细，尾长短不一，脚强健善跳跃，多在森林、灌木丛和草丛的中下层活动。少见：远东树莺、强脚树莺、棕脸鹟莺，罕见：短翅树莺（日本树莺）、鳞头树莺，共 5 种。

苇莺科（Acrocephalidae） 体羽以褐色为主，体型比其他莺类大，喙比其他莺类粗长，尾较长，略呈凸尾，站姿挺拔，多在近水域的芦苇丛、高草丛、灌木丛活动。易见：东方大苇莺，少见：黑眉苇莺，罕见：厚嘴苇莺、远东苇莺、钝翅苇莺、细纹苇莺，共 6 种。

柳莺科（Phylloscopidae） 体羽以橄榄绿色和褐色为主，具细长眉纹，喙尖细，尾细短。绿色系具翼斑，褐色系无翼斑，多在树丛、灌木丛中活动。常见：黄腰柳莺、黄眉柳莺，少见：极北柳莺、冕柳莺、淡脚柳莺，罕见：褐柳莺、巨嘴柳莺、冠纹柳莺等，约 18 种。

蝗莺科（Locustellidae） 体羽多以褐色为主，部分种类体具明显纵纹，具细长眉纹，喙尖细，尾宽大、长短不一，多在草丛、芦苇丛、灌木丛活动，善地面行走。江苏多为罕见种：矛斑蝗莺、北蝗莺、东亚蝗莺、小蝗莺、苍眉蝗莺、斑背大尾莺、中华短翅莺，7 种。

●树莺的口哨

树莺大多喜隐蔽，常躲藏于灌木丛中，且体色为平淡的褐色，通常难以一睹真容。但在春季求偶时，它们嘹亮的哨音极具穿透力，老远就能听到，有时它们也会站在突出的高枝扯着嗓子放声歌唱。远东树莺和强脚树莺的叫声很神似，但远东树莺带着颤音，强脚树莺是更平滑的哨声。

远东树莺

强脚树莺

Phylloscopus inornatus

黄眉柳莺

Yellow-browed Warbler

居留型： 旅鸟
常见度： ★★
级　别： 三有、LC

1	2	3	**4**	5	6	7	8	**9**	**10**	**11**	12

两型： 雌雄相似　　**体长：** 10 ~ 11 cm

识别： 喙黑褐色，下喙基黄色，偏白色的眉纹粗而长，前端淡黄，过眼纹深灰色。头顶至背灰绿色、色差小，顶冠纹通常无，少数个体有但不明显，翼黑褐色具 2 道白色粗翼带，三级飞羽具白色端斑。下体白色，胸及两肋略沾黄色。

生境： 栖于各种林地、灌木丛。

习性： 常单独或 3~5 只成群活动。很少落地，晨昏为活动高峰期，飞行迅速。

食性： 主要捕食昆虫。

Phylloscopus proregulus

黄腰柳莺

Pallas's Leaf Warbler

居留型： 冬候鸟 / 旅鸟
常见度： ★★★
级　别： 三有、LC

1	**2**	**3**	**4**	**5**	6	7	8	9	**10**	**11**	**12**

两型： 雌雄相似　　**体长：** 9 ~ 10 cm

识别： 喙黑色。头顶至背黄绿色、色差小，顶冠纹黄色，眉纹为鲜艳的柠檬黄色，过眼纹黑色。腰淡黄色，翼上具 2 道黄色翼带，飞羽和尾羽为黑褐色具黄绿色外羽缘，三级飞羽具白色端斑。下体偏白色，胸及两肋沾黄色，臀及尾下覆羽浅黄色。

生境： 栖于果园、花园、疏林地、灌木丛。

习性： 单独或成对活动于树冠层中。性活泼，常在树顶枝叶间跳跃觅食，或站在树枝上鸣叫。

食性： 主要捕食昆虫。

●柳莺的整体辨识

柳莺大部分喜欢在枝繁叶茂的树冠层活动，常在树枝间不停地穿飞捕虫，也有的种类在低矮灌木丛中觅食。柳莺是体型最小的鸟类之一，羽色以橄榄绿色或褐色为主，种类繁多，形态相似而难以辨识，鸣声（包括复杂的鸣啭与简单的鸣叫）是辨识的重要依据。

柳莺的主要区分特征： 整体颜色（绿 / 褐）；翼带 / 翼斑（双粗 / 细 / 无）；三级飞羽黑白相间（是 / 否）；头背色差。

细节特征： 喙型及喙色；顶冠纹（明显 / 不明显 / 无）；眉纹长度及颜色；腰色；臀色；脚色等。

以泰州的柳莺为例：

特征	泰州种类
整体黄绿色或灰褐色 双粗翼带且三级飞羽 黑白相间	黄腰柳莺 黄眉柳莺
整体橄榄绿色 具 1~2 条细翼斑	极北柳莺 冕柳莺 淡脚柳莺
整体暗褐色或橄榄褐色 无翼带	褐柳莺 巨嘴柳莺

成鸟
眉纹长而直，前端皮黄色，其余偏白色
尾下覆羽白色
朱迎春 摄

成鸟
朱迎春 摄

成鸟
眉纹鲜黄色
翼上具 2 道淡黄色翼斑
蒲川 摄

成鸟
腰淡黄色
蒲川 摄

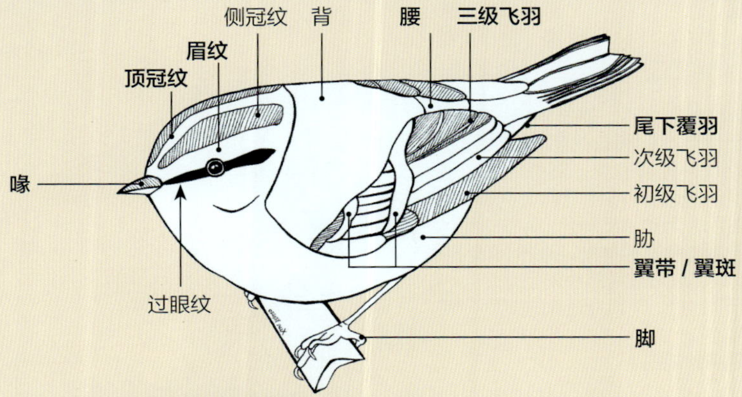
侧冠纹
背
腰
三级飞羽
眉纹
顶冠纹
尾下覆羽
次级飞羽
喙
初级飞羽
胁
翼带 / 翼斑
过眼纹
脚

柳莺的身体结构

Phylloscopus borealis

极北柳莺

Arctic Warbler

居留型：旅鸟
常见度：★★
级　别：三有、LC

1	2	3	4	5	6	7	8	9	10	11	12

两型：雌雄相似　　**体长：**11 ~ 13 cm
识别：喙较长、黑褐色。头、背橄榄绿色或灰绿色、色差小，无顶冠纹；过眼纹偏黑色，眉纹黄白色且前端不延至喙基。翼上具 1 ~ 2 道较浅的白色翼斑，第 2 道翼斑常不明显，初级飞羽较长，下体污白色。幼鸟偏灰色，两胁显脏。
生境：栖于开阔林区、林缘。
习性：常单独或集小群活动。有时与其他柳莺混群，活动于树林。
食性：主要捕食昆虫。

陆信 摄

Phylloscopus coronatus

冕柳莺

Eastern Crowned Warbler

居留型：旅鸟
常见度：★★
级　别：三有、LC

1	2	3	4	5	6	7	8	9	10	11	12

两型：雌雄相似　　**体长：**11 ~ 12 cm
识别：上喙黑褐色，下喙黄色。头顶至后颈暗绿色，顶冠纹灰白色，眉纹细长，前端淡黄，后端白色，过眼纹为暗绿色。上体橄榄绿色，翼上具 1 道淡黄色细斑。喉至下体近白色，体侧及尾下覆羽沾黄色。
生境：栖于开阔林区、林缘。
习性：常单独或成对活动，有时与其他柳莺混群，多活动在树冠层枝叶间。性活泼，在枝叶间跳跃觅食，有时也到林下灌木丛中觅食。
食性：主要捕食昆虫。

蒲川 摄

Phylloscopus tenellipes

淡脚柳莺

Pale-legged Leaf Warbler

居留型：旅鸟
常见度：★★
级　别：三有、LC

1	2	3	4	5	6	7	8	9	10	11	12

两型：雌雄相似　　**体长：**10 ~ 11 cm
识别：喙黑褐色，虹膜暗褐色，脚淡粉色。头顶及过眼纹暗灰，无顶冠纹，具长的近白色眉纹。背部橄榄绿色，两翼黑褐色，具 2 道不清晰的翼带。下体偏灰白色，两胁沾皮黄色。
生境：栖于发育良好的林地、灌木丛的下层。
习性：常单只、成对或结成小群活动。性活泼，行动敏捷，常跳跃于树枝间，喜向下弹尾。
食性：主要捕食昆虫。

郑运祥 摄

孙海涛 摄

王学辉 摄

朱迎春 摄

王学辉 摄

薄顺奇 摄

朱迎春 摄

Phylloscopus fuscatus

褐柳莺

Dusky Warbler

居留型： 旅鸟
常见度： ★
级　别： 三有、LC

1	2	3	4	5	6	7	8	9	10	11	12

两型： 雌雄相似　**体长：** 10 ~ 13 cm
识别： 外形墩圆，两翼短圆。喙较细小、黄褐色。头顶至背部暗褐色，无顶冠纹，无翼带。眉纹前端偏白色，后端淡棕色，过眼纹黑褐色。喉至腹部污白色，颊、胸侧、两胁及尾下覆羽沾黄褐色。
生境： 栖于稀疏开阔的林地以及溪流沿岸的疏林和灌木丛。
习性： 常单独或成对活动，喜欢在树枝间跳跃。
食性： 主要捕食昆虫。

Phylloscopus schwarzi

巨嘴柳莺

Radde's Warbler

居留型： 旅鸟
常见度： ★
级　别： 三有、LC

1	2	3	4	5	6	7	8	9	10	11	12

两型： 雌雄相似　**体长：** 12 ~ 14 cm
识别： 喙较粗短、黄褐色。无顶冠纹，无翼带。眉纹较长，前端皮黄色，后端偏白色，过眼纹黑灰色。头顶至背橄榄褐色，喉部白色，胸、腹部污白色，胸侧及两胁沾皮黄色，尾下覆羽淡黄棕色。
生境： 栖于开阔的阔叶林及林缘灌木丛。
习性： 常单独或成对活动，性胆小非常隐秘，喜在树间跳跃。
食性： 主要捕食昆虫，偶尔取食植物的种子和果实。

●常见柳莺的辨识

柳莺的辨识根据整体颜色可以分为偏褐色柳莺和偏绿色柳莺 2 类。

泰州地区可以见到的偏褐色柳莺有褐柳莺和巨嘴柳莺 2 种。偏绿色柳莺有黄腰柳莺、黄眉柳莺、极北柳莺、淡脚柳莺和冕柳莺共计 5 种。

鸟种	整体颜色	翼带	头背色差	顶冠纹	眉纹
黄眉柳莺	灰绿色	2 道，粗，白色	小	无或不明显	粗长，前端皮黄色
黄腰柳莺	黄绿色	2 道，粗，淡黄色	小	明显，黄色	粗长，鲜黄色
极北柳莺	橄榄绿色	1 道或 2 道，细	小	无	细长
冕柳莺	橄榄绿色	1 道，细，淡黄色	大	后端明显，灰白色	细长
淡脚柳莺	橄榄绿色	2 道不清晰	大	无	细长
褐柳莺	暗褐色	无	小	无	前端白，后端沾棕色
巨嘴柳莺	橄榄褐色	无	小	无	前端皮黄，后端白

成鸟
喙较细小
管昊昱 摄

成鸟
朱迎春 摄

成鸟
眉纹前端皮黄色，后端白色

成鸟
尾下覆羽淡黄棕色
朱迎春 摄

黄眉柳莺
极北柳莺
淡脚柳莺
巨嘴柳莺
黄腰柳莺
冕柳莺
褐柳莺

Arundinax aedon

厚嘴苇莺

Thick-billed Warbler

居留型：旅鸟
常见度：★
级　别：三有、LC

1	2	3	4	5	6	7	8	9	10	11	12

两型：雌雄相似　　**体长：**18 ~ 21 cm

识别：喙较粗壮、黑褐色，翼短，尾长呈楔形。头顶至上体棕褐色，无浅色眉纹和深色过眼纹，具明显的淡色眼圈和眼先。颏、喉近白色，下体乳白色，胸侧、两胁至尾下覆羽沾黄棕色。

生境：栖于疏林灌木丛，迁徙期也见于河流附近芦苇丛。

习性：常单独或成对活动，繁殖期雄鸟常在巢附近的灌木丛鸣唱，觅食行为隐蔽。

食性：主要捕食昆虫。

Acrocephalus bistrigiceps

黑眉苇莺

Black-browed Reed Warbler

居留型：旅鸟
常见度：★★
级　别：三有、LC

1	2	3	4	5	6	7	8	9	10	11	12

两型：雌雄相似　　**体长：**13 ~ 14 cm

识别：上喙黑褐色，下喙黄色。眉纹长且宽、乳白色，其上有黑色侧冠纹，形成了黑白双眉纹，过眼纹较细、黑褐色。上体棕褐色，翼和尾羽暗褐色。下体偏白色，两胁黄棕色。

生境：栖于发育良好的芦苇地。

习性：常单独或成对活动，鸣唱悦耳，并能效鸣多种其他鸟类。性机警，行动敏捷，在芦苇茎叶间不停地跳跃穿梭、上下攀援、飞来飞去。

食性：主要捕食昆虫。

郑运祥 摄

Acrocephalus orientalis

东方大苇莺

Oriental Reed Warbler

居留型：夏候鸟
常见度：★★★
级　别：三有、LC

1	2	3	4	5	6	7	8	9	10	11	12

两型：雌雄相似　　**体长：**17 ~ 19 cm

识别：喙粗长，上喙褐色，下喙粉色。上体棕褐色，冠羽通常较突出，眉纹污白色，过眼纹较细、深褐色；飞羽及尾羽暗褐色，具棕褐色羽缘。喉近白色，胸具不显著的少量纵纹，下体污白色，胸侧和两胁沾黄褐色。

生境：栖于芦苇地及浓密高草丛的沼泽地。

习性：常单独活动。隐蔽性高，常在草茎或灌木丛枝间跳跃、攀援，偶作短距离飞行。

食性：主要捕食昆虫，偶尔取食植物的果实、种子。

管昊昱 摄

任之峰 摄

孙海涛 摄

朱迎春 摄

陆信 摄

卡利得 摄

管昊昱 摄

Prinia inornata

纯色山鹪莺

Plain Prinia

居留型： 留鸟
常见度： ★★★★
级　别： 三有、LC

1	2	3	4	5	6	7	8	9	10	11	12

两型： 雌雄相似　　**体长：** 13 ~ 15 cm

识别： 喙近黑色，脚粉红色。上体棕褐色，眉纹黄白色，下体淡皮黄色，胸侧及两胁染黄棕色。尾羽较长，占身体一半以上。幼鸟羽色较淡，尾羽较短，脸较白，喙偏黄褐色。

生境： 栖于高草丛、芦苇地、竹林和稻田。

习性： 常单独或结小群活动。傲气而活泼，常于树上、草茎间或飞行时鸣叫，平时在地面附近觅食。停歇时，常翘起长尾，不停地上下摆动。

食性： 主要捕食昆虫。

石俊祥 摄

Cisticola juncidis

棕扇尾莺

Zitting Cisticola

居留型： 留鸟
常见度： ★★★
级　别： 三有、LC

1	2	3	4	5	6	7	8	9	10	11	12

两型： 雌雄相似　　**体长：** 10 ~ 14 cm

识别： 喙褐色，脚粉红。繁殖期头顶黄褐色具模糊的黑褐色纵纹，眉纹棕白色，背羽黑色具淡色羽缘。下体近白色，胸侧及两胁沾黄褐色。非繁殖期头顶具显著的黑色纵纹。飞行呈波浪状，尾羽展开呈扇形。

生境： 栖于开阔荒草地、灌木丛、稻田。

习性： 常单独活动。飞行时尾常呈扇形展开，并上下摆动。

食性： 主要捕食昆虫，亦取食草籽。

吴建华 摄

●棕扇尾莺的求偶特技

棕扇尾莺偏爱广阔的农田、荒草地和芦苇地，尤其偏好于湿润环境。非繁殖期间，它们隐匿行踪，比较难见到。然而，3 月末时，它们变得活跃起来，雄鸟常在空中上演“杂技”。它先是直冲上天，随后在空中打圈翱翔，或奋力地重复振翅、收翅的动作，形成一升一落的波状起伏。同时，它还会将尾巴张开成扇形并摆动，伴随着尖锐的“ji~ji~”声。极力展示自己的技能和强壮，这样的极限飞行可持续长达 3 分钟，最后以突然收翅、快速降落完美收场。

棕扇尾莺炫飞

成鸟
孙海涛 摄

成鸟
孙海涛 摄

繁殖羽
孙海涛 摄

非繁殖羽

管昊昱 摄

● **被迫做“养母”的东方大苇莺**

谷雨前后，东方大苇莺回归芦苇荡。芦苇丛中传来“嘎嘎叽”的鸣叫声，那是东方大苇莺的求偶声。筑巢产卵后，同样完成交配的大杜鹃便在附近徘徊，伺机上演“狸猫换太子”的把戏。大杜鹃能产出“高仿卵”。在这场博弈中，两者协同进化。东方大苇莺的卵呈青白色，上面布有黑色斑点。寄生于东方大苇莺巢中的大杜鹃能产出形态上极力模仿对方的高仿卵。然而，有些东方大苇莺练就了火眼金睛，能察觉巢中有大杜鹃产卵的痕迹而选择放弃孵化。但大多数东方大苇莺仍会沦为辛苦养育别家幼鸟的“冤大头”，即便看到羽色与自己完全不同的杜鹃幼鸟最终长到比自己体积大一倍，它们仍会选择耗费心力喂养，直到“养子”离巢。

东方大苇莺驱逐大杜鹃

Garrulax canorus

画眉

Chinese Hwamei

居留型： 留鸟
常见度： ★★
级　别： 国二、LC

两型： 雌雄相似　　**体长：** 21 ~ 22 cm

识别： 整体棕褐色，喙黄色。头、喉及背部具黑色细纵纹，具白色眼圈并在眼后延至耳部形成眼纹，眼周具少量浅蓝色裸皮。

生境： 栖于多林地带、灌木丛。

习性： 常单独活动，秋冬会集成小群。喜在灌木丛中穿飞，不擅远距离飞行，常立在树枝上鸣叫，鸣声婉转、音韵多变。

食性： 以昆虫和植物的嫩芽、浆果等为食。

Pterorhinus perspicillatus

黑脸噪鹛

Masked Laughingthrush

居留型： 留鸟
常见度： ★★
级　别： 三有、LC

两型： 雌雄相似　　**体长：** 26 ~ 32 cm

识别： 整体灰褐色，喙灰黑色，脚黄褐色。前额、眼先和耳羽形成黑色眼罩。头、颈及胸灰褐色，上体褐色，腹部灰白色，臀及尾下覆羽棕黄色。

生境： 栖于多林地带、灌木丛。

习性： 常集小群活动。穿梭于树木或灌木丛间，不做长距离飞行。性活跃，活动时常不停地鸣叫，较为嘈杂。

食性： 主要捕食昆虫，亦取食植物的果实和种子。

Leiothrix lutea

红嘴相思鸟

Red-billed Leiothrix

居留型： 留鸟
常见度： ★
级　别： 国二、LC

两型： 雌雄相似　　**体长：** 14 ~ 15 cm

识别： 喙鲜红色。额、头顶至后颈黄绿色，眼周黄白色。背部和三级飞羽灰色，初级飞羽及次级飞羽黑色，初级飞羽外羽缘橙黄色而基部红色。喉部明黄色，胸部橙黄色至橙红色，腹部中央和尾下覆羽浅黄色，腹侧及两胁浅灰色。尾羽分叉、具 1 条白横纹，且端部黑色。

生境： 栖于各种林地、灌木丛和竹林。

习性： 常集小群活动。喜在树枝上快速窜动，不停地欢跳、鸣叫，偶尔到地面觅食。

食性： 主要捕食昆虫，亦取食植物的果实和种子。

成鸟 石俊祥 摄

成鸟 石俊祥 摄

成鸟 王学辉 摄

成鸟 王学辉 摄

成鸟 朱迎春 摄

成鸟 王铎 摄

Paradoxornis heudei

震旦鸦雀

Reed Parrotbill

居留型：留鸟
常见度：★★★
级　别：国二、NT

1 | 2 | 3 | 4 | 5 | 6 | 7 | 8 | 9 | 10 | 11 | 12

两型： 雌雄相似　　**体长：** 18 ~ 20 cm

识别： 喙大、黄色，黑褐色眉纹显著，眼先灰黑色，具窄的白色眼圈。额、头顶及颈背灰色，颏、喉、胸及腹部中央白色，背部、翼上覆羽、胸腹侧以及两胁黄褐色。三级飞羽黑色具白色内缘。中央尾羽棕黄色，外侧尾羽黑色但端部白色。幼鸟羽色较浅，尾短。

生境： 高度依赖芦苇丛。

习性： 常集小群活动。常在芦苇丛中穿梭或爬到芦苇顶部鸣叫；觅食时用喙咬开芦苇取食昆虫。

食性： 主要捕食昆虫，也吃植物的种子。

Sinosuthora webbiana

棕头鸦雀

Vinous-throated Parrotbill

居留型：留鸟
常见度：★★★★★
级　别：三有、LC

1 | 2 | 3 | 4 | 5 | 6 | 7 | 8 | 9 | 10 | 11 | 12

两型： 雌雄相似　　**体长：** 12 ~ 13 cm

识别： 喙和脚为铅灰色。整体棕褐色，头顶至后颈棕色，下颊、颏、喉粉棕色。背部灰褐色，飞羽和尾羽黑褐色，飞羽具明显红棕色外羽缘。下体为淡黄褐色。

生境： 栖于多林地带、灌木丛、芦苇丛和农田边缘等。

习性： 常集小群活动，秋冬季节有时集成大群。性活泼而胆大，常在灌木或小树枝叶间攀缘跳跃，短距离低空飞翔，不进行长距离飞行。

食性： 主要捕食昆虫，亦取食植物的果实和种子。

成鸟
喙大、黄色
孙海涛 摄

头顶棕色
喉粉
棕色
石俊祥 摄

成鸟
孙海涛 摄

Regulus regulus

戴菊[1]

Goldcrest

居留型：冬候鸟
常见度：★★
级　别：三有、LC

1	2	3	4	5	6	7	8	9	10	11	12

两型：雌雄二型　　**体长：**9 ~ 10 cm
识别：似柳莺的偏绿色鸟。喙纤细、黑色。头顶具黑色侧冠纹，髭纹黑色，雄鸟顶冠纹为黄色，后部带橙红色，雌鸟顶冠纹黄色。背部和腰灰绿色，飞羽和尾羽黑色具灰绿色外羽缘，三级飞羽端部白色，中覆羽和大覆羽端部白色形成 2 道白色翼斑。下体灰白色，两胁黄绿色。
生境：栖于针叶林的林冠中下层。
习性：常集小群活动。性活泼，在树枝间跳跃或飞行，总发出微弱的"吱吱~"声。
食性：主要捕食昆虫。

Zosterops simplex

暗绿绣眼鸟[2]

Swinhoe's White-eye

居留型：留鸟
常见度：★★★
级　别：三有、LC

1	2	3	4	5	6	7	8	9	10	11	12

两型：雌雄相似　　**体长：**10 ~ 12 cm
识别：头、颈、背至尾上覆羽鲜黄绿色，具显著的白色眼圈和黄色喉部。虹膜浅褐色，眼先黑色，胸部和腹部灰白色，尾下覆羽黄色。
生境：栖于林地、林缘和城市公园。
习性：常单独、成对或成小群活动，迁徙季节和冬季喜欢成群活动。常在灌木丛间穿梭跳跃，在树间飞行，有时围绕着枝叶转或急速振动两翼而悬浮于花上。
食性：主要捕食昆虫，亦取食植物的果实和种子。

●戴菊的生育策略

不同鸟类的寿命差异很大，目前有记录的最长寿野生鸟类是一只 74 岁的黑背信天翁。鸟类通常体型越大寿命越长，例如猛禽一般能活 5~30 年，而鸣禽的寿命多为 2~10 年。

体长约 9 cm，体重仅 5 g 左右的"萌啾"戴菊恰恰属于"短命"的那一种，它们的平均寿命一般只有 2 年。究其原因，"身娇体柔"的戴菊和其他小型鸟类一样，容易成为猛禽的捕食目标，且它偏好针叶林生境，加上挑食（食谱几乎全部为昆虫），所以气候变化、食物匮乏、人类的林木砍伐等因素都可能会影响它们的生存环境。

尽管寿命短暂，戴菊的繁殖率却很高，堪称雀形目鸟类中的"生育标兵"。在 5—7 月的繁殖期，它们每窝可产下 6~13 枚卵，以数量来补足种群寿命的短板，因此亲鸟每天不得不把大部分时间都耗在轮流觅食和育雏上。

"萌啾"戴菊

●传粉又传种的鸟类

中国访花鸟类几乎全部属于雀形目，其中，花蜜鸟科、啄花鸟科、绣眼鸟科的鸟有着较稳定的访花记录。鸟类传粉现象存在于 30 多科的植物中，在中国以热带植物为主，也有部分温带植物。提到为花传粉，就不得不提暗绿绣眼鸟，它在中国西南部、南部扮演着重要传粉者的角色。暗绿绣眼鸟除了爱啄食甜软的果实，也喜爱取食花蜜、花粉，它访花的范围广，用刷子状的舌尖舔食花粉。取食过程中，它的头部会粘上花粉，从而帮助植物授粉。

鸟类对植物传种也极为重要，它们对果实的取食与排泄，使种子被带到远方，扩大植物分布。一般认为，种子在鸟体内走一遭的过程有助于萌发。以常见的乌桕为例，鸟类吞食带有白色蜡质假种皮的种子，在消化过程中，假种皮脱落，乌桕的种子与鸟粪一同被排出体外。

暗绿绣眼鸟

Spodiopsar cineraceus

灰椋鸟

White-cheeked Starling

居留型：留鸟

常见度：★★★★

级　别：三有、LC

1	2	3	4	5	6	7	8	9	10	11	12

两型：雌雄相似　**体长：**22 ~ 24 cm

识别：灰褐色的椋鸟。喙黄色，尖端暗色。头顶至后颈黑色，眼先和耳羽白色具黑色杂纹。喉至胸部黑灰色，具灰白色细纵纹。上体深灰褐色，腰白色，下体羽色较浅，尾下覆羽白色。幼鸟羽色较浅，上体土棕褐色。

生境：栖于有稀疏树木的开阔地区、城市公园、草地及农田。

习性：常集群活动。多于电线上、树木秃枝上休息，在地面行走觅食。飞行迅速，整群飞行。

食性：主要捕食昆虫，亦取食植物的果实和种子。

Spodiopsar sericeus

丝光椋鸟

Red-billed Starling

居留型：留鸟

常见度：★★★★

级　别：三有、LC

1	2	3	4	5	6	7	8	9	10	11	12

两型：雌雄二型　**体长：**18 ~ 23 cm

识别：喙深红色，尖端黑色。雄鸟头颈污白色，颏、喉白色，颈部羽毛延长成丝状。背至尾上覆羽及下体为灰蓝色，飞羽和尾羽蓝黑色。雌鸟整体灰褐色，仅颏、喉部白色。

生境：栖于农田、果园、城市公园。

习性：常集群活动，也会与其他椋鸟混群。喜于地面觅食，停栖于树上或电线上，筑巢于洞穴中。冬季常集大群活动。

食性：捕食昆虫，亦取食植物的果实和种子。

Gracupica nigricollis

黑领椋鸟

Black-collared Starling

居留型：留鸟

常见度：★★★

级　别：三有、LC

1	2	3	4	5	6	7	8	9	10	11	12

两型：雌雄相似　**体长：**27 ~ 31 cm

识别：喙黑色。头部白色，眼周具显著的黄色裸皮，颈环和上胸黑色。上背黑褐色，两翼黑色，翼覆羽和飞羽的端部白色，腰部、下胸至尾下覆羽白色。尾羽黑色而端部白色。幼鸟无黑色颈环，白色部分沾褐色。

生境：栖于农田、开阔的草地、荒地。

习性：常单独或集小群活动。觅食多在地上，善鸣。筑巢于高大乔木的树冠层枝杈间，或建筑物缝隙中。

食性：捕食昆虫，亦取食植物的果实和种子。

成鸟
耳羽白色具
黑色杂纹
孙海涛 摄

幼鸟
徐鸿顺 摄

雌鸟
整体灰褐色
朱迎春 摄

雄鸟
蒲川 摄

成鸟
宽阔的黑色
颈环
王学辉 摄

成鸟
王学辉 摄

Sturnus vulgaris

紫翅椋鸟

Common Starling

居留型： 旅鸟
常见度： ★
级　别： 三有、LC

1	2	3	4	5	6	7	8	9	10	11	12

两型： 雌雄相似　　**体长：** 19 ~ 22 cm
识别： 通体偏黑色的椋鸟。繁殖羽喙黄色，通体黑色泛紫色和绿色金属光泽，背部、胸腹部具稀疏的白色斑点。非繁殖羽喙黑色，通体密布白色斑点，尾下覆羽具白色月牙形斑。
生境： 栖于农田、树林。
习性： 常集群活动，迁徙季集数百只的大群，喜欢在地面行走觅食。
食性： 主要捕食昆虫，亦取食植物的果实和种子。

Acridotheres cristatellus

八哥

Crested Myna

居留型： 留鸟
常见度： ★★★★★
级　别： 三有、LC

1	2	3	4	5	6	7	8	9	10	11	12

两型： 雌雄相似　　**体长：** 25 ~ 28 cm
识别： 喙象牙色，虹膜橘黄色。整体黑色，前额具羽簇。初级飞羽基部具明显的白色翼斑，尾下覆羽黑色具白色横纹，尾羽端部白色。
生境： 适应城市、乡村、农田、林地等多种环境。
习性： 多成群活动。性活泼，常成群停栖在树上或电线上。
食性： 主要捕食昆虫、农耕翻出来的蚯蚓，亦取食植物的果实和种子。

●椋鸟的介绍

冬天，经常在公园看到一棵树上密密麻麻站着一群鸟，通常是丝光椋鸟、灰椋鸟、八哥这一类椋鸟。椋鸟喜欢集群，有时集大群在天空飞行，成千上万只椋鸟构成变化莫测的形态，在空中做出各种复杂的动作，高度的协调性令人叹为观止。

八哥全身羽毛黑色有光泽，经常会被误认为乌鸦，但八哥两翅有白色翼斑，在飞行时更加明显，从下面看如同一个“八”字，故称“八哥”。同为椋鸟的黑领椋鸟常单独、成对或成小群活动。

八哥

城市公园里的椋鸟群

栖在树枝上的椋鸟群

Turdus mandarinus

乌鸫

Chinese Blackbird

居留型： 留鸟
常见度： ★★★★★
级　别： 三有、LC

1 2 3 4 5 6 7 8 9 10 11 12

两型： 雌雄二型　　**体长：** 27 ~ 29 cm
识别： 喙黄色，眼圈金黄色。雄鸟整体黑色。雌鸟上体黑褐色，下体深褐色，颏、喉、胸具细密的深褐色纵纹或点斑。幼鸟喙褐色，整体棕褐色，喉部污白色，下体棕色具棕白色鳞状斑纹。
生境： 栖于多林地带、城市公园。
习性： 常单独或集小群在地面上奔跑，亦常至林下地面觅食。善于模仿其他鸟鸣。
食性： 主要捕食无脊椎动物、土壤中的蠕虫，也吃植物的果实和种子。

雄鸟
孙海涛　摄

Turdus cardis

乌灰鸫

Japanese Thrush

居留型： 旅鸟
常见度： ★★
级　别： 三有、LC

1 2 3 4 5 6 7 8 9 10 11 12

两型： 雌雄二型　　**体长：** 21 ~ 22 cm
识别： 雄鸟喙黄色，眼圈金黄色，头、颈、胸部黑色。上体青灰色，腹部白色，两胁淡青灰色。雌鸟头顶及上体灰褐色，下体白色，喉侧具黑色纵纹，胸部和腹侧具黑色斑点，胸侧和两胁沾橙色。
生境： 栖于树木茂盛的城市公园、城郊林地。
习性： 常单独或成对活动，迁徙时集小群。藏匿于稠密植物丛中。性羞怯、胆小。
食性： 主要捕食昆虫。

雄鸟
朱迎春　摄

Turdus hortulorum

灰背鸫

Grey-backed Thrush

居留型： 冬候鸟
常见度： ★★★
级　别： 三有、LC

1 2 3 4 5 6 7 8 9 10 11 12

两型： 雌雄二型　　**体长：** 20 ~ 23 cm
识别： 雄鸟喙黄色，具金色眼圈。头顶至尾羽灰色，颏、喉灰白色，胸浅灰色，腹部中央和尾下覆羽白色，腹侧和两胁橙色。雌鸟喙黄褐色，上体灰褐色，喉及胸部白色，具浓密的黑色斑点，腹侧、两胁和翼下覆羽橙色。
生境： 栖于多林地带、城市公园、灌木稠密的林下。
习性： 常单独或成对活动，春秋迁徙季节亦集成10只左右的小群。善于在地上跳跃行走，多在地上活动和觅食。
食性： 以昆虫、蚯蚓，以及植物的果实和种子为食。

雄鸟

王学辉 摄

石俊祥 摄

朱迎春 摄

吴建华 摄

孙海涛 摄

Turdus obscurus

白眉鸫

Eyebrowed Thrush

居留型： 旅鸟
常见度： ★★
级　别： 三有、LC

1	2	3	4	5	6	7	8	9	10	11	12

两型： 雌雄二型　　**体长：** 21 ~ 23 cm
识别： 喙黑褐色，具显著的白色眉纹，眼下方具1白斑，眼先黑色。雄鸟头、颈、喉灰色。上体橄榄褐色，胸和两胁橙黄色，腹中央至尾下覆羽白色。雌鸟头、颈灰褐色，喉白色，喉侧具褐色纵纹，胸和两胁橙棕色，且比雄鸟色淡。
生境： 栖于多林地带、城市公园。
习性： 常单独或成对活动，迁徙季节亦见成群。性胆怯，常躲藏，喜在树上活动。
食性： 主要捕食昆虫，也吃其他小型无脊椎动物，以及植物的果实和种子。

Turdus chrysolaus

赤胸鸫

Brown-headed Thrush

居留型： 旅鸟
常见度： ★★
级　别： 三有、LC

1	2	3	4	5	6	7	8	9	10	11	12

两型： 雌雄二型　　**体长：** 23 ~ 34 cm
识别： 似白眉鸫，但无白色眉纹，具黄色眼圈。雄鸟头顶至背橄榄褐色，颊及喉黑褐色。胸及两胁橙黄色，腹中央至尾下覆羽白色。雌鸟似雄鸟，但头部羽色较淡，偏灰褐色，具不明显的淡色眉纹，喉偏白色具褐色条纹。
生境： 栖于多林地带、城市公园。
习性： 性情谨慎，多在隐蔽的林下灌木丛活动，有时与白眉鸫混群出现。
食性： 主要以昆虫和植物的果实为食。

Turdus pallidus

白腹鸫

Pale Thrush

居留型： 冬候鸟
常见度： ★★
级　别： 三有、LC

1	2	3	4	5	6	7	8	9	10	11	12

两型： 雌雄二型　　**体长：** 22 ~ 23 cm
识别： 雄鸟头、颈灰色略沾褐色，下喙基具白斑，喉灰色，具金色眼圈；背至尾上覆羽橄榄褐色；胸和两胁浅灰褐色，腹中央至尾下覆羽白色。雌鸟头顶至尾上覆羽偏橄榄褐色，颏、喉白色具深褐色细纵纹。飞行时，外侧尾羽末端白斑明显。
生境： 栖于多林地带、城市公园，偏爱荫蔽的林下。
习性： 常单独或集小群活动。常在林下翻动树叶觅食，喜吃地面浅表层的昆虫和蚯蚓。
食性： 主要以植物的果实以及昆虫和其他无脊椎动物为食。

雌鸟
白色，
侧具褐
色纵纹
石俊祥 摄

雌鸟
管昊昱 摄

雌鸟
头部羽色较浅，
具不明显的浅
色眉纹
偏白色，
褐色纵纹
朱迎春 摄

雄鸟
朱迎春 摄

雌鸟
喉白色
具深褐
色纵纹
王学辉 摄

雄鸟
石俊祥 摄

Turdus eunomus

斑鸫

Dusky Thrush

居留型： 冬候鸟
常见度： ★★★★
级　别： 三有、LC

1 2 3 4 5 6 7 8 9 10 11 12

两型： 雌雄二型　　**体长：** 23 ~ 25 cm

识别： 雄鸟具粗白色眉纹，眼先和耳羽黑褐色；头顶至尾上覆羽黑褐色，背至尾上覆羽具明显的棕色鳞状羽缘，翼多栗红色。颏、喉白色具深褐色短纵纹；下体灰白色，胸及两胁密布黑色鳞状斑。雌鸟羽色较淡，背部偏橄榄褐色，鳞状纹不明显。

生境： 栖于开阔的多草地带和田野。

习性： 除繁殖期成对活动外，多成群，迁徙季节常集成数十至百只大群。一般在地上活动和觅食。

食性： 主要捕食昆虫及小型无脊椎动物，也吃浆果、植物的种子。

Turdus naumanni

红尾斑鸫

Naumann's Thrush

居留型： 冬候鸟
常见度： ★
级　别： 三有、LC

1 2 3 4 5 6 7 8 9 10 11 12

两型： 雌雄二型　　**体长：** 23 ~ 25 cm

识别： 雄鸟耳羽、头顶至背灰褐色，具浅红褐色眉纹，眼先黑褐色。颏、喉红褐色具模糊的黑色细纹。胸、腹侧及两胁为红褐色的鳞状斑，尾羽红褐色，端部深褐色。雌鸟羽色较淡，喉部白色，具明显的黑色纵纹，下体红褐色较浅。

生境： 栖于公园、林地、灌木丛、草地等植被较稀疏的区域。

习性： 常集群活动。多在地面活动、觅食。

食性： 捕食昆虫，也取食浆果和植物的种子。

● 各具特色的鸟巢

日本鹰鸮的树洞巢	乌鸫的碗状巢
喜鹊的球状巢	红隼的平台巢

崖沙燕的土洞巢

赤腹鹰的平台巢

麻雀的墙洞巢

白头鹎的碗状巢

Turdus mupinensis

宝兴歌鸫[1]

Chinese Thrush

居留型： 迷鸟
常见度： ★
级　别： 三有、LC

1	2	3	4	5	6	7	8	9	10	**11**	12

两型： 雌雄相似　　**体长：** 20 ~ 24 cm
识别： 头顶至尾羽橄榄褐色，眼先皮黄色，耳羽区具黑色月牙状斑，颏和喉近白色，两侧具黑色纵纹。两翼具 2 道白色翼斑，下体白色，两侧沾棕色，胸、腹部密布黑色圆形斑。
生境： 栖于针阔叶混交林、针叶林的林缘灌木丛、林下灌木和草地。
习性： 单只或集小群活动，常在地面觅食。
食性： 主要捕食昆虫。

Zoothera aurea

虎斑地鸫[1]

White's Thrush

居留型： 旅鸟
常见度： ★★
级　别： 三有、LC

1	2	**3**	**4**	**5**	6	7	8	**9**	**10**	11	12

两型： 雌雄相似　　**体长：** 28 ~ 30 cm
识别： 喙黄褐色，下喙基偏黄色，眼先皮黄色。上体黄褐色密布黑色鳞状斑。下体白色密布黄黑色鳞状斑。尾羽橄榄褐色，尾下覆羽白色。
生境： 主要栖息于发育良好的林地，尤以河流两岸和地势低洼的密林中较常见，迁徙季有时见于林缘疏林和农田地边。
习性： 常单独活动。地栖性，性胆怯，常在林下灌木丛中觅食。遇到危险时常静止不动。
食性： 主要捕食昆虫。

Monticola solitarius

蓝矶鸫[2]

Blue Rock Thrush

居留型： 旅鸟
常见度： ★
级　别： 三有、LC

1	2	3	**4**	**5**	6	7	8	**9**	**10**	11	12

两型： 雌雄二型　　**体长：** 20 ~ 23 cm
识别： 整体密布深色鳞状纹。雄鸟头、颈、上胸、背至尾上覆羽蓝色，下胸、腹部及尾下覆羽栗红色。雌鸟头顶至尾上覆羽灰蓝色，下体皮黄色沾淡蓝色，具黑色鳞状纹。翼及尾羽黑褐色。华南亚种 *pandoo* 雄鸟全身深蓝色。
生境： 栖于河流、湖泊等水域附近的岩石山地。有时也到城市公园和果园。
习性： 单独或成对活动，常从高处直落地面捕食，或突然飞出捕食空中的昆虫，能模仿其他鸟鸣。
食性： 主要捕食昆虫。

成鸟
王铎 摄

成鸟
耳后具黑色
月牙状斑
刘艺 摄

成鸟
吴建华 摄

成鸟
背部黄褐色密
布黑色鳞状斑
蒲川 摄

雌鸟
上体灰蓝色
腹部皮黄色具
深色鳞状斑
蒲川 摄

幼鸟
管昊昱 摄

Monticola gularis

白喉矶鸫

White-throated Rock Thrush

居留型： 旅鸟
常见度： ★
级　别： 三有、LC

1	2	3	4	5	6	7	8	9	10	11	12

两型： 雌雄二型　　**体长：** 17 ~ 19 cm
识别： 雄鸟头顶至后颈及肩斑蓝色，耳羽黑色，眼先、喉至尾下覆羽橙红色，喉中央具白色斑纹。背和两翼黑色，具白色翼斑，背具淡黄色羽缘，形成黑色鳞状斑；腰至尾上覆羽橙红色。雌鸟上体具浅色羽缘形成黑色鳞状斑；下体皮黄色，胸部和两胁具黑色鳞状纹，喉中央具白色斑纹。
生境： 栖于阔叶林，尤喜多石地带。
习性： 单独或成对活动，性活跃，常站在岩石顶端鸣叫，喜欢在林下地面活动。
食性： 主要捕食昆虫。

Cyanoptila cyanomelana

白腹蓝鹟

Blue-and-white Flycatcher

居留型： 旅鸟
常见度： ★★
级　别： 三有、LC

1	2	3	4	5	6	7	8	9	10	11	12

两型： 雌雄二型　　**体长：** 16 ~ 17 cm
识别： 雄鸟头顶至尾羽蓝色，脸颊、喉至胸部黑色，腹部至尾下覆羽白色，尾羽基部两侧白色。雌鸟上体灰褐色，下体淡灰褐色，喉中央具白色条纹，下腹部至尾下覆羽污白色。
生境： 栖于多林地带。
习性： 单独或成对活动。主要在林中层活动，常站立于树木横枝上鸣叫。
食性： 主要捕食昆虫。

Eumyias thalassinus

铜蓝鹟

Verditer Flycatcher

居留型： 迷鸟
常见度： ★
级　别： 三有、LC

1	2	3	4	5	6	7	8	9	10	11	12

两型： 雌雄二型　　**体长：** 15 ~ 17 cm
识别： 喙和虹膜黑色。雄鸟通体蓝绿色或天蓝色，眼先黑色，尾下覆羽具白色鳞状斑纹。雌鸟似雄鸟，颜色较淡，眼先暗灰色。
生境： 栖于开阔林区、林缘空地。
习性： 常单独或成对活动，活动于树冠层、林下灌木，很少下到地面。性大胆，不甚怕人，可在空中捕食飞行性昆虫，亦能在枝叶间觅食。
食性： 主要捕食昆虫，亦取食植物的果实和种子，冬季喜吃白杜的果实。

雌鸟
上体多黑色
鳞状纹
王学辉 摄

雄鸟
吴建华 摄

雌鸟
王学辉 摄

雄幼鸟

雌鸟
蒲川 摄

雄鸟
葛飞 摄

Calliope calliope

红喉歌鸲

Siberian Rubythroat

居留型：旅鸟
常见度：★★
级　别：国二、LC

1	2	3	4	5	6	7	8	9	10	11	12

两型：雌雄二型　　**体长：**14 ~ 16 cm

识别：喙黑褐色。雄鸟整体棕褐色，具白色眉纹和下颊纹。颏、喉鲜红色具黑边，胸部灰褐色，腹部污白色。雌鸟似雄鸟，羽色较淡，颏、喉白色或皮黄色，老龄个体颏、喉部稍带红色，胸、上腹部和两胁淡黄褐色，下腹至尾下覆羽白色。

生境：栖于多林地带，偶见芦苇丛、竹林。

习性：常单独或成对活动，迁徙时有时可见小群。性多隐藏在灌木丛下。偏地栖性，善于在地面奔走和觅食，有时至灌木丛低枝上活动。

食性：主要捕食昆虫。

卡利得 摄

Luscinia svecica

蓝喉歌鸲

Bluethroat

居留型：旅鸟
常见度：★★
级　别：国二、LC

1	2	3	4	5	6	7	8	9	10	11	12

两型：雌雄二型　　**体长：**14 ~ 16 cm

识别：雄鸟头顶暗褐色，眉纹和下颊纹白色沾棕色，上体灰褐色，喉至胸部具多变的环状羽，常由蓝色、棕色、黑色和白色斑纹组成，腹部皮黄色，尾下覆羽橙黄色，两胁染棕色。雌鸟上体羽色暗淡，眉纹和下颊纹白色明显，颏、喉及胸部为皮黄色，胸具黑色斑纹。

生境：栖于芦苇、灌木丛和农田。

习性：常单独或成对活动，迁徙时有时可见小群。

食性：主要捕食昆虫、蠕虫，偶食植物的种子。

石俊祥 摄

Larvivora akahige

日本歌鸲

Japanese Robin

居留型：旅鸟
常见度：★
级　别：三有、LC

1	2	3	4	5	6	7	8	9	10	11	12

两型：雌雄二型　　**体长：**13 ~ 15 cm

识别：雄鸟头顶至背橄榄褐色，前额、脸颊、喉至上胸橘红色，下缘具细黑色胸环，下胸及两胁灰色，腹中央至尾下覆羽白色。雌鸟似雄鸟，但羽色较淡，胸无黑色胸环。

生境：栖于城市公园、混交林、阔叶林、次生林和疏林灌木丛地带。

习性：常单独或成对活动。主要为地栖性，多在林下灌木丛的地面上活动。

食性：主要捕食昆虫。

严浩 摄

雌鸟

雄鸟
石俊祥 摄

雌鸟
侯白色，胸
邵无蓝、棕
色横带

雄鸟
石俊祥 摄

雌鸟
无黑色胸环
冯欣夷 摄

雄鸟
具黑色胸环
郑运祥 摄

Phoenicurus auroreus

北红尾鸲

Daurian Redstart

居留型：冬候鸟
常见度：★★★★★
级　别：三有、LC

1	2	3	4	5	6	7	8	9	10	11	12

两型：雌雄二型　　**体长：**14 ~ 15 cm

识别：雄鸟头顶至后颈灰白色，颊、颏、喉黑色，上背及两翼黑色，次级飞羽基部具白色三角形翼斑。其他体羽除中央尾羽黑褐色外，其余均为橘红色。雌鸟上体灰褐色，白色翼斑较雄鸟小，下体颜色皮黄色，下背至尾上覆羽橘红色，尾羽似雄鸟。

生境：栖于视野开阔的城市公园、树林和农田。

习性：常单独或成对活动。喜长时间停在枝头或电线上，有抖尾的行为，常见冬候鸟。

食性：主要捕食昆虫。

孙海涛 摄

Tarsiger cyanurus

红胁蓝尾鸲

Orange-flanked Bush-robin

居留型：冬候鸟
常见度：★★★★
级　别：三有、LC

1	2	3	4	5	6	7	8	9	10	11	12

两型：雌雄二型　　**体长：**13 ~ 15 cm

识别：雄鸟头、上体、尾羽蓝色，飞羽暗褐色。眉纹白色、较短，眼先及颊黑色，颏、喉、下体偏白色，两胁橙色。雌鸟头和上体棕褐色，腰部和尾蓝色，两胁橙黄色。

生境：栖于针叶林、混交林、林缘和疏林灌木丛。

习性：常单独或成对活动。多于林下地上或灌木间跳跃和觅食，性胆怯。停歇时常上下摆尾。

食性：主要捕食昆虫，亦取食植物的果实和种子。

王学辉 摄

Phoenicurus fuliginosus

红尾水鸲

Plumbeous Water Redstart

居留型：留鸟
常见度：★
级　别：三有、LC

1	2	3	4	5	6	7	8	9	10	11	12

两型：雌雄二型　　**体长：**12 ~ 13 cm

识别：雄鸟整体蓝灰色，腰、尾羽和尾下覆羽栗红色。雌鸟头顶至上体灰蓝色，颏、喉、下体淡灰蓝色并密布灰白色鳞状纹，腰、臀及外侧尾羽基部偏白色，尾羽其余部分深褐色，两翼深褐色具 2 条白色翼斑。幼鸟似雌鸟，但整体偏黄褐色，上体密布皮黄色点斑。

生境：栖于山地河谷、溪流沿岸，偶尔见于湖泊、水塘岸边。

习性：常单独或成对活动。多站立在水边石头上。

食性：主要捕食昆虫，亦取食植物的种子。

王铎 摄

雌鸟
灰褐色，白色翼斑较雄鸟小
王跃先 摄

雄鸟
孙海涛 摄

雌鸟
眉纹偏白色
尾蓝色
王跃先 摄

雄鸟
赵海洋 摄

雌鸟
腹部密布灰白色鳞状纹
朱迎春 摄

幼鸟
黄褐色，上体具皮黄色点斑
朱迎春 摄

Copsychus saularis

鹊鸲

Oriental Magpie-Robin

居留型： 留鸟
常见度： ★★★★
级　别： 三有、LC

1	2	3	4	5	6	7	8	9	10	11	12

两型： 雌雄二型　　**体长：** 19 ~ 21 cm

识别： 雄鸟头、颈、胸及上体蓝黑色，两翼黑色且具白色条状翼斑，腹部至尾下覆羽白色，尾羽黑色，尾羽两侧白色。雌鸟似雄鸟，但头、颈、胸及上体为深灰色，翼和尾羽黑褐色。

生境： 栖于林缘灌木丛、居民小区、城市公园和村庄。

习性： 单独或成对活动。性活泼、大胆。休息时常展翅翘尾。鸣声婉转而悦耳。

食性： 主要捕食昆虫，也吃蜘蛛、蜈蚣、螺，偶尔取食植物的果实、种子。

Saxicola stejnegeri

东亚石䳭

Stejneger's Stonechat

居留型： 旅鸟
常见度： ★★★
级　别： 三有、NR

1	2	3	4	5	6	7	8	9	10	11	12

两型： 雌雄二型　　**体长：** 12 ~ 14 cm

识别： 雄鸟繁殖羽头黑色，颈侧具白色斑，背和两翼黑褐色，胸部和两胁棕红色。雄鸟非繁殖羽头部黑色杂褐色，背棕褐色。雌鸟头至上体棕褐色，具黑褐色纵纹，喉皮黄色，两翼黑褐色。

生境： 栖于多林地带和农田。

习性： 常单独或成对活动。喜站在树木枝头上，有时也站在路边电线上和农作物梢端。

食性： 主要捕食昆虫，也吃蚯蚓、蜘蛛，偶尔取食植物的果实、种子。

● 黑喉石䳭和东亚石䳭的辨别

东亚石䳭曾经是黑喉石䳭的东北亚种，黑喉石䳭现有 2 个亚种：青藏亚种和新疆亚种。从分布上看，东亚石䳭繁殖于中国东北，迁徙主要经过华北、华中和华东，过境和越冬于长江中下游及以南地区。黑喉石䳭青藏亚种繁殖于甘肃北部、新疆东部和青海东北部，在甘肃南部、宁夏、陕西、四川、重庆、贵州、湖北西部、湖南、广西、云南和西藏南部是留鸟。黑喉石䳭新疆亚种繁殖于新疆北部和西部，迁徙经过陕西北部和西藏南部。3 种差异主要看雄鸟的繁殖羽的羽色。

鸟种	喙	两胁、下腹	尾下覆羽
黑喉石䳭新疆亚种	细长	胸部棕色较浓，下腹纯白	较白
黑喉石䳭青藏亚种	粗宽	下体及两胁棕色较浓，下腹中央颜色稍淡	略带棕色
东亚石䳭	粗宽	下体棕色较淡，两胁微沾棕色，下腹近白	较白

东亚石䳭（雄性繁殖羽）

黑喉石䳭青藏亚种（雄性繁殖羽）

Ficedula albicilla

红喉姬鹟

Taiga Flycatcher

居留型：旅鸟
常见度：★★
级　别：三有、LC

1	2	3	**4**	**5**	6	7	8	**9**	**10**	**11**	12

两型： 雌雄二型　　**体长：** 11 ~ 13 cm

识别： 雄鸟繁殖羽上体灰褐色，眼圈灰白色，喉橙红色，颊、胸偏灰色，下体余部偏棕白色；翼黑褐色，尾羽和尾上覆羽黑色，外侧尾羽基部白色。雄鸟非繁殖羽喉转白色，边缘浅灰色。雌鸟上体暗褐色，喉棕白色而无橙红色，颊、胸无灰色。

生境： 栖于林缘、河流两岸的小树上。

习性： 常单独或成对活动。性情活泼，常跳跃或飞行于树枝间，在空中捕食。有时亦活动于林下灌木丛中或地上，但较少鸣叫。喜上下摆尾。

食性： 主要捕食昆虫。

Ficedula mugimaki

鸲姬鹟

Mugimaki Flycatcher

居留型：旅鸟
常见度：★★
级　别：三有、LC

1	2	3	**4**	**5**	6	7	8	9	**10**	**11**	12

两型： 雌雄二型　　**体长：** 13 ~ 14 cm

识别： 雄鸟头顶至尾上覆羽黑色，眼后具粗白色眉纹，两翼具白色翼斑。喉至上腹部橙红色，下腹部至尾下覆羽白色。雌鸟具白色眼圈，头顶至尾上覆羽橄榄褐色，翼具 2 道白色翼斑，喉至上腹的橙红色较淡。幼鸟似雌鸟，上体色浅，为灰褐色。

生境： 栖于林缘地带、林间空地或城市公园。

习性： 常单独或成对活动，偶尔成 3~5 只的小群。多在树冠层活动，喜在树枝上跳跃。

食性： 主要捕食昆虫。

● 鹟类的食性

与其他杂食性的鸟类不同，专一性食虫是鹟科鸟类的典型特征。从鹟的英文名"flycatcher"（a small bird that catches insects in the air 即一种在空中捕食昆虫的小鸟）就可以看出，它们善于"空中捕食昆虫"。鹟科鸟类还有一个有趣的特点，它们会在飞出去（捕食）之后，迅速飞回原先停歇的树枝。例如，白眉姬鹟发现昆虫后，会迅速飞起捕食，捉到后又再次飞回原处。因此，我们可以待在原地静静地观察它们表演空中捕食技能。鹟类被人类视为农林益鸟。

北灰鹟捕捉蛾子

●笼养鸟的危害

中国笼养鸟历史悠久，多见于鸣禽如画眉、百灵、绣眼、柳莺、歌鸲等，均属于“三有”保护动物，甚至是国家二级保护动物。近年来，随着人们爱鸟意识的不断提升，越来越多的普通市民开始放下鸟笼、走近自然去观鸟、护鸟。

花鸟市场、流动鸟市以及流落到家家户户的笼养鸟，很多都来自野外的捕捉。大量珍禽候鸟在掏窝、网捕、装笼、运输、贩卖等过程中殒命，对野外族群数量危害极大。即便侥幸存活，也将面临笼养带来的气候、环境、换食等方面的生存考验。

被关在狭小鸟笼中的画眉

Ficedula narcissina

黄眉姬鹟

Narcissus Flycatcher

居留型： 旅鸟
常见度： ★★★
级　别： 三有、LC

1	2	3	4	5	6	7	8	9	10	11	12

两型： 雌雄二型　　**体长：** 13 ~ 14 cm
识别： 雄鸟头顶至上背黑色，具醒目的黄色眉纹，下背至腰为鲜黄色。两翼黑色具白色长条翼斑。喉至胸橙色，上腹部黄色，下腹部至尾下覆羽偏白色。雌鸟头顶至背橄榄褐色，腰黄绿色，白色翼斑不明显；喉至胸淡皮黄色，下体余部污白色。
生境： 常生活于疏林中。
习性： 常单独活动，多在树冠下层活动和觅食。
食性： 主要捕食昆虫。

Ficedula zanthopygia

白眉姬鹟

Yellow-rumped Flycatcher

居留型： 夏候鸟
常见度： ★★★
级　别： 三有、LC

1	2	3	4	5	6	7	8	9	10	11	12

两型： 雌雄二型　　**体长：** 13 ~ 14 cm
识别： 雄鸟头顶至上背黑色，具宽阔的白色眉纹，下背至腰鲜黄色，翼及尾羽黑色且具大的白色翼斑，喉至腹部鲜黄色，尾下覆羽白色。雌鸟头顶至背橄榄褐色，腰黄色，翼及尾羽黑褐色，具白色翼斑。喉至腹部黄白色，胸具模糊的暗色鳞纹，尾下覆羽白色。
生境： 常生活于疏林、成熟的混合林中。
习性： 常单独或成对活动，多在树冠下层活动和觅食，有时飞起捕食。性胆怯，遇危险时迅速藏匿。
食性： 主要捕食昆虫。

● “灰色系”鹟的识别（图鉴页见第 254~255 页）

在泰州地区有 3 种常见的灰色系鹟——北灰鹟、灰纹鹟和乌鹟。尽管许多人认为它们外观相似，但实际上它们各自具有鲜明的特征。

北灰鹟是这 3 种鹟中唯一一种胸、腹部纵纹不明显。它的腹部呈现出灰白色，这一特点可与其他两种鹟类明显区分开来。此外，北灰鹟的嘴部特征也极为显著：它的嘴比其他两种鹟宽且长，下嘴基部呈现出明显的黄色，这一特征在野外观察时尤为显眼。乌鹟和灰纹鹟在外观上有时较为相似，但也有一些细微的差别。乌鹟是这 3 种鹟中体色变化最多的，其胸、腹部同样具有深色区域。与灰纹鹟相比，乌鹟的下体条纹较为模糊，给人一种水墨画晕染的感觉。而灰纹鹟的条纹则较为清晰。

不过，值得注意的是，条纹的式样在不同个体间也存在差异。还可以观察一个细节：3 种鹟中，灰纹鹟的翅膀相对最长，翼收拢时，灰纹鹟的翼尖会靠近尾端，而其他两种鹟的翼尖则距离尾端较远。

尽管这 3 种鹟的颜色并不特别引人注目，但它们的体态却十分呆萌。在每年的两个春秋迁徙季节，可以去城市公园、城郊林地寻找这些可爱的小生灵。

朱迎春 摄

朱迎春 摄

蒲川 摄

徐鸿顺 摄

鸟种	喙	眼先	腹部及两胁	翼长
北灰鹟	较宽大，下喙基部明显黄色	近白色	灰白色，有的个体沾淡淡的灰褐色	翼尖不及尾羽 1/2 处
灰纹鹟	黑色	黑褐色	白色，具清晰的灰褐色纵纹	翼尖超过尾羽2/3处，有的个体翼尖可达尾端
乌鹟	喙小，黑色，下喙黄色不明显	浅灰色或灰色	灰白色，深灰色粗纵纹模糊	翼尖接近尾羽 1/2 处

Muscicapa dauurica

北灰鹟

Asian Brown Flycatcher

居留型：旅鸟
常见度：★★
级　别：三有、LC

1	2	3	4	5	6	7	8	9	10	11	12

两型： 雌雄相似　　**体长：** 12 ~ 13 cm

识别： 喙黑褐色、较宽长，下喙基为明显的黄色。成鸟头顶至尾上覆羽灰褐色，具白色眼先和眼圈，喉至尾下覆羽灰白色，两胁灰色。翼及尾羽黑色沾褐色，翼尖不及尾羽 1/2 处。

生境： 栖于多林地带，迁徙季也见于城市公园、林缘地带。

习性： 常单独活动，停栖在树冠层中下部侧枝或枝杈上，迅速飞起捕食后又飞回原处。性机警，善藏匿。

食性： 主要捕食昆虫。

Muscicapa griseisticta

灰纹鹟

Grey-streaked Flycatcher

居留型：旅鸟
常见度：★
级　别：三有、LC

1	2	3	4	5	6	7	8	9	10	11	12

两型： 雌雄相似　　**体长：** 12 ~ 14 cm

识别： 喙黑色。成鸟头顶至尾上覆羽灰褐色，具白色眼圈，眼先黑褐色。下体白色，胸部及两胁具深灰色纵纹。翼和尾羽黑褐色，翼尖达尾羽 2/3 处。幼鸟上体具白色斑点。

生境： 栖于密林、开阔林区和林缘。

习性： 常单独活动。喜飞行于树冠层中下部，或停栖在侧枝上，不时飞向空中捕食然后回到原位，很少到地上活动。

食性： 主要捕食昆虫。

Muscicapa sibirica

乌鹟

Dark-sided Flycatcher

居留型：旅鸟
常见度：★★
级　别：三有、LC

1	2	3	4	5	6	7	8	9	10	11	12

两型： 雌雄相似　　**体长：** 13 ~ 14 cm

识别： 喙黑色、较小。成鸟头顶至尾上覆羽灰褐色，具白色眼圈，眼先浅灰色或灰色，下体灰白色，胸部和两胁深灰色，纵纹模糊。翼和尾羽黑褐色，翼尖超尾羽 1/2 处。幼鸟上体具白色斑点，胸有杂斑。

生境： 栖于密林、开阔林区和林缘。

习性： 常单独活动。很少到地面活动和觅食。多在树枝间跳跃和来回飞行捕食。

食性： 主要捕食昆虫。

成鸟

孙海涛 摄

成鸟

王学辉 摄

幼鸟

蒲川 摄

成鸟

孙海涛 摄

幼鸟

朱迎春 摄

成鸟

朱迎春 摄

Passer montanus

麻雀[1]

Eurasian Tree Sparrow

居留型：留鸟
常见度：★★★★★
级　别：三有、LC

1	2	3	4	5	6	7	8	9	10	11	12

两型：雌雄相似　　**体长：**14 ~ 15 cm

识别：喙厚实，呈黑色。成鸟头顶栗褐色，脸颊白色，具显著黑色斑，过眼纹黑色，颏黑色，具灰白色颈环。背和两翼褐色，具黑色纵纹，下体大致污白色，两胁为皮黄色。

生境：与人类伴生的鸟类，喜城市公园、村庄、农田和开阔林区等多种生境。

习性：常集群活动。性极活泼，胆大易近人，好奇心较强。多筑巢于人类房屋处的屋檐、墙洞。

食性：主要取食谷物。繁殖期捕食大量昆虫，并以昆虫育雏。

成鸟

孙海涛　摄

Lonchura punctulata

斑文鸟[2]

Scaly-breasted Munia

居留型：留鸟
常见度：★★★
级　别：三有、LC

1	2	3	4	5	6	7	8	9	10	11	12

两型：雌雄相似　　**体长：**10 ~ 12 cm

识别：喙蓝灰色。成鸟喙基周围及喉深褐色，头顶至背褐色，具淡色细纹。下体灰白色具浓密的深色鳞状纹，尾下覆羽偏白色。幼鸟羽色较淡，喉至腹部浅黄褐色，下体无鳞状斑或少，随着年龄增长越来越明显。

生境：栖于农田、郊野。

习性：多集群活动。飞行时成紧密的一团。觅食于农田、荒地及多灌木丛的草地，喜芒草丛。

食性：主要取食谷物，亦食草籽和其他植物的果实与种子，繁殖期也吃昆虫。

成鸟

王学辉　摄

Lonchura striata

白腰文鸟[2]

White-rumped Munia

居留型：留鸟
常见度：★★★★
级　别：三有、LC

1	2	3	4	5	6	7	8	9	10	11	12

两型：雌雄相似　　**体长：**10 ~ 11 cm

识别：喙基周围及喉暗褐色，头顶至后颈、脸颊、胸部棕褐色，背褐色，密布淡色羽轴形成的细纵纹。翼和尾羽黑褐色，中央尾羽长而尖；腰和腹部污白色；尾上及尾下覆羽褐色。

生境：栖于林缘、次生灌木丛、农田和城市公园。

习性：喜结群，晚上成群栖息在树上或竹上。成群飞翔时呈波浪状前进。性温顺，不畏人。

食性：主要取食植物的种子，尤其是谷物，夏季也吃一些昆虫。

成鸟

孙海涛　摄

成鸟
石俊祥 摄

幼鸟
孙海涛 摄

成鸟
沈海波 摄

幼鸟
朱迎春 摄

成鸟
石俊祥 摄

成鸟
石俊祥 摄

Dendronanthus indicus

山鹡鸰

Forest Wagtail

居留型：夏候鸟
常见度：★★
级　别：三有、LC

1	2	3	4	5	6	7	8	9	10	11	12

两型：雌雄相似　**体长：**16 ~ 18 cm

识别：头顶至背灰褐色，眉纹白色，翼具黑白相间的粗斑纹。胸部具 2 条黑色条带，下体白色。

生境：栖于开阔的林地。

习性：常单独或成对活动。停栖时，尾左右来回摆动，不似其他鹡鸰上下摆动，为典型鹡鸰类的波浪式飞行。

食性：主要捕食昆虫，也吃小蜗牛。

成鸟

王铎 摄

Motacilla alba

白鹡鸰

White Wagtail

居留型：留鸟 / 旅鸟
常见度：★★★★★
级　别：三有、LC

1	2	3	4	5	6	7	8	9	10	11	12

两型：雌雄二型　**体长：**16 ~ 19 cm

识别：

● **普通亚种**（*leucopsis*）
留鸟，雄成鸟头顶至背黑色，额、颊及喉白色，胸部具黑色三角形斑块。雌鸟背深灰色。

● **黑背眼纹亚种**（*lugens*）
旅鸟，雄成鸟头顶至背黑色，具黑色过眼纹，胸部具黑色斑块，繁殖羽颏白色，喉黑色。雌成鸟背灰色。

● **灰背眼纹亚种**（*ocularis*）
旅鸟 / 冬候鸟，雌雄差异小，头黑色，背灰色，具黑色过眼纹，颏、喉至胸部黑色。

● **东北亚种**（*baicalensis*）
旅鸟，似普通亚种雌鸟，难区分。

生境：栖于近水的开阔地带、稻田及道路上。

习性：常单独或成对，有时呈 3~5 只的小群活动。迁徙期间也见成 10 多只至 20 余只的大群。多在地上慢步行走或跑动捕食。行走时，尾巴会不断上下摆动，呈一上一下的波浪式飞行。

食性：主要捕食昆虫，偶尔取食植物的果实和种子。

普通亚种雄鸟

孙海涛 摄

普通亚种雌鸟

孙海涛 摄

成鸟

成鸟

黑背眼纹亚种雄鸟非繁殖羽

幼鸟

灰背眼纹亚种非繁殖羽

灰背眼纹亚种繁殖羽

Motacilla cinerea

灰鹡鸰

Grey Wagtail

居留型：旅鸟
常见度：★
级　别：三有、LC

1	2	**3**	**4**	**5**	6	7	8	**9**	**10**	11	12

两型： 雌雄二型　　**体长：** 17 ~ 20 cm

识别： 雄鸟繁殖羽头顶至背灰色，具白色细眉纹和下颊纹，颏及喉黑色。腰黄色，翼及尾羽黑色，尾长。胸至尾下覆羽黄色，两胁偏白。雄鸟非繁殖羽颏及喉转白色。雌鸟颏及喉白色，有些个体杂有黑斑，腹黄色较浅，尾下覆羽鲜黄色。幼鸟似雌鸟，但腹黄色较淡、略偏白。

生境： 栖于沟渠、河流和附近的草地、农田和林区。

习性： 常单独活动。停栖时，尾不断地上下摆动。飞行时呈波浪式前进。常沿河边或道路行走捕食。

食性： 主要捕食昆虫。

Motacilla citreola

黄头鹡鸰

Citrine Wagtail

居留型：旅鸟
常见度：★
级　别：三有、LC

1	2	3	**4**	**5**	6	7	8	9	**10**	11	12

两型： 雌雄二型　　**体长：** 16 ~ 20 cm

识别： 雄鸟头鲜亮黄色，后颈有一窄黑色领环，背灰色，尾羽及两翼黑褐色，翼上覆羽端部白色形成 2 道翼斑，下体鲜黄色。雌鸟头部偏黄褐色，具黄色眉纹，后颈无黑色领环，下体黄色较淡。

生境： 栖于稻田、沼泽边缘和草地。

习性： 多成对或成 3~4 只的小群，迁徙期亦见数十只的大群活动。停栖时，尾常不停地上下摆动。有时也沿着水边来回不停地走动，飞行时呈波浪式。

食性： 主要捕食昆虫。

Motacilla tschutschensis

黄鹡鸰

Eastern Yellow Wagtail

居留型：旅鸟
常见度：★★★★
级　别：三有、LC

1	2	3	**4**	**5**	6	7	**8**	**9**	**10**	**11**	12

两型： 雌雄相似　　**体长：** 16 ~ 18 cm

识别： 阿拉斯加亚种（*tschutschensis*）旅鸟，头灰色，具明显白色眉纹。东北亚种（*macronyx*）旅鸟，头灰色，雄鸟无眉纹，雌鸟具细短眉纹。台湾亚种（*taivana*）旅鸟 / 冬候鸟，头顶至背橄榄绿色，眉纹黄色。

生境： 栖于稻田、沼泽边缘和草地。

习性： 多成对或成小群活动。停栖时，尾常不停地上下摆动。有时也沿着水边来回不停地走动，飞行时呈波浪式。

食性： 主要捕食昆虫。

幼鸟
下喙基
淡色
王学辉 摄

左雌鸟右雄鸟
雌鸟
喉白
雄鸟
喉黑

雌鸟
头黄褐色无黑
色领环

雄鸟
蒲川 摄

成鸟
背部橄榄绿
色，腰黄绿色
孙海涛 摄

幼鸟
孙海涛 摄

Anthus hodgsoni

树鹨

Olive-backed Pipit

居留型：冬候鸟
常见度：★★★★
级　别：三有、LC

1 **2** **3** **4** 5 6 7 8 9 **10** **11** **12**

两型： 雌雄相似　**体长：** 15 ~ 17 cm
识别： 上体橄榄绿色。头顶具明晰的黑色纵纹，眉纹白色、较短，喉皮黄色，耳羽具白斑。背部较纯净，纵纹不明显。胸及两胁皮黄色，具黑色纵纹，腹部及尾下覆羽白色。
生境： 栖于林缘、河边树林、草地或公园。
习性： 常成对或集小群活动，迁徙期集成较大群，多在地上奔跑觅食。性机警，受惊后立刻飞到附近树上高处。站立时尾常上下摆动。
食性： 主要捕食昆虫、其他小型无脊椎动物，亦取食草籽。

朱迎春 摄

Anthus rubescens

黄腹鹨

Buff-bellied Pipit

居留型：冬候鸟
常见度：★★★
级　别：三有、LC

1 **2** **3** **4** 5 6 7 8 9 **10** **11** **12**

两型： 雌雄相似　**体长：** 14 ~ 17 cm
识别： 胸部具黑色粗纵纹，两胁黑色纵纹较细。繁殖羽上体深褐色，喉以下淡黄棕色，眉纹黄白色。非繁殖羽似树鹨，但喉侧具三角形黑色斑块。
生境： 栖于草地、沼泽、河岸、耕地等湿润多草地区。
习性： 多成对或集十几只小群活动，性活跃，在地上不停地行走觅食。
食性： 主要捕食昆虫，亦取食一些植物的种子。

孙海涛 摄

Anthus richardi

田鹨

Richard's Pipit

居留型：旅鸟
常见度：★★
级　别：三有、LC

1 2 3 **4** **5** 6 7 8 **9** **10** 11 12

两型： 雌雄相似　**体长：** 17 ~ 18 cm
识别： 喙较粗长。成鸟上体棕褐色，头顶具黑色细纹，背部具黑色纵纹。眉纹、眼先和下颊纹皮黄色，耳羽褐色，喉部偏白色。下体皮黄色，胸部具黑褐色纵纹。两翼和尾羽黑褐色，最外侧尾羽白色，中覆羽黑斑尖长。站姿挺拔。
生境： 栖于开阔的草地、农田和荒地。
习性： 常单独或成小群活动。飞行时呈波浪状。
食性： 主要捕食昆虫。
别名： 理氏鹨

王学辉 摄

成鸟
白色耳羽
下体粗纵
纹明显
薄顺奇 摄

成鸟
蒲川 摄

非繁殖羽
喉侧具三角
形斑块

繁殖羽
王学辉 摄

成鸟
尾较长
胸部具黑
褐色纵纹
王学辉 摄

成鸟
外侧尾羽和次
外尾羽白色
王学辉 摄

Anthus spinoletta

水鹨

Water Pipit

居留型：冬候鸟
常见度：★★★
级　别：三有、LC

1	2	3	4	5	6	7	8	9	10	11	12

两型： 雌雄相似　　**体长：** 15 ~ 17 cm

识别： 上体灰褐色，喙偏黑色。繁殖羽眉纹淡皮黄色，喉至下体淡橙黄色，干净几乎无纵纹，仅胸侧和两肋具少量模糊纵纹。非繁殖羽喙基黄色，眉纹白色，喉至下体偏白色，胸部布满深色纵纹，两肋具稀疏的纵纹。

生境： 栖于河流、湖泊、溪流等水域附近的湿地、沼泽。

习性： 常单独活动，多在地面上行走或奔跑觅食，尾部轻微上下摆动似鹡鸰。

食性： 主要捕食昆虫，亦取食一些植物的种子。

Anthus cervinus

红喉鹨

Red-throated Pipit

居留型：旅鸟 / 冬候鸟
常见度：★★
级　别：三有、LC

1	2	3	4	5	6	7	8	9	10	11	12

两型： 雌雄相似　　**体长：** 14 ~ 15 cm

识别： 繁殖羽眉纹、脸颊、喉至胸部红棕色。上体棕褐色具黑褐色纵纹；胸部具少量黑色纵纹或不明显，胸侧及两肋具黑褐色纵纹，腹部皮黄色。非繁殖羽头部、眉纹及喉部的红色区域变浅或转为皮黄色，胸部和两肋具黑色粗纵纹。

生境： 栖于农田、草地、沼泽、河滩。

习性： 单独或集松散小群活动，常与黄鹡鸰、田鹨同域觅食。

食性： 主要捕食昆虫。

●鹨的辨识

江苏有记录的鹨有 6 种，其中树鹨、田鹨、黄腹鹨、水鹨和红喉鹨 5 种是泰州有记录的。

10 月起，树鹨首先迁徙经过，随后红喉鹨、黄腹鹨、水鹨也接踵而至，它们均在此越冬，田鹨为迁徙过境鸟。鹨属鸟类多体色平淡，且有夏羽和冬羽的变化，辨识颇具挑战。尽管小云雀与鹨相似，但其喙粗厚，头顶短冠羽有时竖起，可以区别。辨识鹨类，可关注其上体颜色、背部、头顶、眉纹、下体等特征，同时生境、喙色、脚色、体态也是重要的观察点。某些种类还具有独特的标识。例如，树鹨常见于城市公园和小区，其上体呈橄榄绿色，眉纹粗显，胸腹有纵纹，平时在地面活动，受惊则飞至树上；而黄腹鹨、水鹨、红喉鹨则偏好湿润环境，如稻田、江河边的草地。

树鹨是泰州地区最常见的鹨属鸟类

●观鸟守则

在野外时，我们要以文明、尊重自然的态度进行观鸟活动。为了鸟儿的安全，也为了更好地观察它们，观鸟时请做到以下几点：

动作的幅度要小　脚步要轻，并降低话语的音量。鸟类出现的第一信号通常是鸣叫声，而说话声、衣服摩擦声均可能干扰你捕捉到这一信号，甚至惊扰到鸟类。一旦鸟类受到惊吓并飞离，你将失去进一步观察的机会。

保持适当的距离　鸟类具有敏锐的警觉性和观察性，与它们要保持适当的距离，建议俯身或寻找合适的掩体进行观察。移动时，动作应缓慢且稳定，以减少对它们的惊扰，鸟类对突然性的动作极其敏感，如突然抬手、起立、行走等行为很容易将鸟类惊飞。若观察到鸟类警觉地抬头张望或发出警报声，应立即停止移动。相对于跑动，原地驻足等待更能看到鸟类或更能持久地观赏。

耐心等待　在鸟类躲避于草丛等难以观测的区域时，我们应避免采用不当手段如投掷石块或大声喧哗等方式促使其现身。相反，我们应当转变观察角度或保持耐心，等待其自然显露。在必要情况下，我们亦需懂得适时放弃，以尊重并保护这些生物的自然习性。

对待鸟类要保持谨慎和尊重　许多野生鸟类可能会因气候变迁或体力下降而暂时停留于某处，此时过度的追逐行为可能会对它们造成不可挽回的伤害。

避免干扰鸟类的正常活动　在鸟类筑巢或育雏时，尽量减少和避免对鸟类繁殖的干扰，只进行远距离观察。

Eophona migratoria

黑尾蜡嘴雀

Chinese Grosbeak

居留型： 留鸟
常见度： ★★★★★
级　别： 三有、LC

1	2	3	4	5	6	7	8	9	10	11	12

两型： 雌雄二型　　**体长：** 17 ~ 19 cm

识别： 喙黄色，粗厚呈锥状。雄鸟头黑色，背棕褐色，腰灰色，两翼和尾羽大多黑色，初级飞羽和初级覆羽的端部白色。下体为淡灰褐色，两胁沾棕黄色。雌鸟头部棕褐色，初级飞羽端部的白斑较窄，两胁棕黄色较淡。幼鸟似雌鸟，但褐色更深。

生境： 栖于各种林地、果园、城市公园，也出现在农田和道路附近的树上。

习性： 常集群活动。频繁在树上和枝间活动。

食性： 主要取食植物的果实、种子、嫩芽和嫩叶，亦捕食昆虫。

Eophona personata

黑头蜡嘴雀

Japanese Grosbeak

居留型： 冬候鸟
常见度： ★★
级　别： 三有、LC

1	2	3	4	5	6	7	8	9	10	11	12

两型： 雌雄相似　　**体长：** 18 ~ 20 cm

识别： 成鸟整体偏灰褐色，头部黑色区域明显比黑尾蜡嘴雀雄鸟小，仅额、头顶、眼先、喙基部和颊前部黑色。两翼和尾羽黑色，初级飞羽中部白色，形成一白色翼斑。

生境： 栖于各种林地，也见于果园和城市公园。

习性： 常单独或集小群活动。性羞涩，隐藏在树上枝叶间。

食性： 杂食性。主要取食植物的果实、种子、嫩芽和嫩叶，也捕食部分昆虫。

Carpodacus erythrinus

普通朱雀

Common Rosefinch

居留型： 旅鸟
常见度： ★
级　别： 三有、LC

1	2	3	4	5	6	7	8	9	10	11	12

两型： 雌雄二型　　**体长：** 13 ~ 15 cm

识别： 雄鸟头和喉红色，仅眼先、过眼纹和耳羽褐色。背部和肩部褐色沾红色，腰为红色。飞羽和尾羽黑褐色沾红色。下体大部分洋红色，尾下覆羽污白色。雌鸟上体橄榄褐色，下体灰白色，上体和下体均具深色纵纹，两翼和尾黑褐色。

生境： 主要栖息在中高海拔的林地及林缘地带，冬季常见于中低山林、平原林地、小树林和灌木丛。

习性： 常单独或成对活动，也会结成小群活动。

食性： 杂食性。主要以植物的果实、种子、嫩芽和嫩叶为食，也吃部分昆虫。

雌鸟
头棕褐色
孙海涛 摄

幼鸟
王学辉 摄

成鸟
初级飞羽端部黑色
两胁无棕黄色
管昊昱 摄

成鸟
管昊昱 摄

雌鸟
上体橄榄褐色，具暗褐色纵纹
徐鸿顺 摄

雌鸟
下体灰白色，具暗褐色纵纹
王跃先 摄

Spinus spinus

黄雀

Eurasian Siskin

居留型： 冬候鸟
常见度： ★★★
级　别： 三有、LC

1	2	3	4	5	6	7	8	9	10	11	12

两型： 雌雄二型　　**体长：** 11 ~ 13 cm

识别： 翼上具醒目的黑色和黄色横条带。雄鸟前额、头顶和颏黑色，眉纹和颊黄色。上体黄色或黄绿色。喉、胸至上腹部黄色，两胁具黑色纵纹，下腹部和尾下覆羽偏白色。雌鸟羽色黄色部分较暗淡，颏及喉灰白色，头顶灰绿色具暗色细纵纹。

生境： 栖于山区、平原林地、城市公园。

习性： 常集群活动。多栖息于柳树、杨树、榆树等大树的顶端。

食性： 主要取食植物的果实和种子，亦捕食昆虫。

Chloris sinica

金翅雀

Oriental Greenfinch

居留型： 留鸟
常见度： ★★★★
级　别： 三有、LC

1	2	3	4	5	6	7	8	9	10	11	12

两型： 雌雄二型　　**体长：** 13 ~ 16 cm

识别： 雄鸟头顶至后颈灰色，背部褐色，翼黑色，具金黄色和白色翼斑。尾羽黑色，外侧尾羽基部、腰部和尾下覆羽黄色。雌鸟似雄鸟，头顶偏褐色。幼鸟体色偏浅，多深色纵纹。

生境： 栖息于灌木丛、疏林、林缘、种植园和城市公园。

习性： 常集群活动，每年 8、9 月份可集成上百只的大群在向日葵种植园内集体觅食。

食性： 主要取食植物的果实和种子，偶尔也捕食昆虫。

孙海涛 摄

Fringilla montifringilla

燕雀

Brambling

居留型： 冬候鸟
常见度： ★★★★
级　别： 三有、LC

1	2	3	4	5	6	7	8	9	10	11	12

两型： 雌雄二型　　**体长：** 13 ~ 16 cm

识别： 雄鸟繁殖羽头顶至背部黑色，腰部白色，两翼和尾羽黑色，具明显的橙色肩斑和翼斑。喉至胸橙色，两胁淡橙色，具黑色斑纹。雄鸟非繁殖羽头顶至后颈浅褐色杂以黑斑。雌鸟头及背浅褐色，喉至胸部的橙色偏淡。

生境： 栖于各种林地、农田、城市公园。

习性： 常集群活动。

食性： 杂食性。主要以植物的果实、种子、嫩叶为食，繁殖期捕食昆虫。

王学辉 摄

雌鸟
头顶灰绿色具暗色细纵纹
上体黄色部分较雄鸟暗淡
王学辉 摄

成鸟
孙海涛 摄

雌鸟
头顶偏褐色
孙海涛 摄

幼鸟
孙海涛 摄

雌鸟
头浅褐色
橙色比雄鸟淡
徐鸿顺 摄

雄鸟非繁殖羽
石俊祥 摄

Emberiza aureola

黄胸鹀

Yellow-breasted Bunting

居留型：旅鸟
常见度：★★
级　别：国一、CR

1	2	3	**4**	**5**	6	7	8	9	**10**	**11**	12

两型： 雌雄二型　　**体长：** 14 ~ 16 cm

识别： 雄鸟繁殖羽头顶至背部栗色，额、脸颊至喉部黑色。翼上具 2 道浅色翼斑。下体黄色，具一栗色胸带，两胁具黑褐色纵纹。雄鸟非繁殖羽体色明显更浅，耳羽黑色具杂斑，颏、喉为黄色，栗色胸带较浅。雌鸟上体黄褐色，头侧具深色的侧冠纹，眉纹皮黄色；下体淡黄色，胸部和两胁具黑褐色纵纹，无胸带。

生境： 栖于平原的农田、荒地和草地。

习性： 多成群活动，会与其他鹀类混群。

食性： 主要取食草籽，亦捕食昆虫等。

Emberiza rutila

栗鹀

Chestnut Bunting

居留型：旅鸟
常见度：★★
级　别：三有、LC

1	2	3	4	**5**	6	7	8	**9**	**10**	11	12

两型： 雌雄二型　　**体长：** 12 ~ 15 cm

识别： 雄鸟繁殖羽整个头部和上体及上胸部栗红色。其余下体鲜黄色，两胁具深灰色纵纹，尾羽黑褐色沾红色。雄鸟非繁殖羽较暗淡，头和背部羽色较斑驳。雌鸟下颊纹皮黄色，头顶至上背橄榄褐色略沾栗色，具深色纵纹，下背至腰部栗红色；下体淡黄色，胸部和两胁具深色纵纹。

生境： 栖于低矮灌木丛的开阔林区、林缘、田间树林和农田。

习性： 常集小群活动。

食性： 主要取食草籽，亦捕食昆虫等。

● 极危鸟类——黄胸鹀

黄胸鹀又称禾花雀，在一些“吃客”心中，它是“天上人参”，但这些都只是无良商家恶意的鼓吹。黄胸鹀与麻雀一般大，实则并无什么食用价值，而且食用野生动物有极高的致病风险。

黄胸鹀的种群数量曾约千万只，每年 8 月过后，黄胸鹀从广阔的北欧、西伯利亚等地繁殖后经过华东及华中平原地区时，常在稻田中成群飞舞。就在这些迁徙的要道上，猎手们架起一张张大网，除了黄胸鹀，不计其数的其他小鸟也惨遭毒手。它们中的大多数会被关在狭小阴暗的笼子中，催肥后被端上餐桌。没有买卖，就没有杀害，唯有从根源打断“吃野味”这种观念，才能真正解放这些岌岌可危的候鸟们。不到 20 年间，黄胸鹀的受威胁等级从 2000 年的无危一路上调到 2017 年的极危，离灭绝仅一步之遥，现在想在野外见到它们已经非常困难。值得庆幸的是国家越来越重视野生动物保护，我们也应该以身作则，保护这些小精灵。

国家一级重点保护动物黄胸鹀

猖獗的鸟类盗猎

我国地处“东亚－澳大利西亚”候鸟迁徙通道中的重要区域，辽阔的国土自古便是珍禽迁徙的千古鸟道。鸟类是我们日常生活中最易观察到的野生动物之一，同时也是受非法贸易、野味经济迫害最严重的野生动物之一。迁徙时节，不少鸟贩为了金钱私欲，大肆滥捕这些飞羽精灵，比如震惊全国的 2017 年“天津万米网海”事件，也只是曝光出非法捕鸟行业中的冰山一角。

盗猎分子熟知鸟径，早就在鸟类迁徙的途径上布下天罗地网，或是在重要栖息地上投毒设夹，不幸落难的鸟儿通常会经过筛选，品相上乘的被压缩到密度极高的扁笼中，通过运输流落到各地鸟市待价而沽；品相一般的则被廉价出售作为放生鸟，以黑色产业链迎合普通群众对于“祈福”的愿景；而更多则被药物催肥后充作餐桌上的食材。

志愿者们拯救被捕鸟网困住的小鸟

Emberiza tristrami

白眉鹀

Tristram's Bunting

居留型： 旅鸟
常见度： ★★
级　别： 三有、LC

1	2	3	4	5	6	7	8	9	10	11	12

两型： 雌雄二型　　**体长：** 14 ~ 15 cm
识别： 雄鸟头、颈部黑色，具显著的白色顶冠纹、眉纹和下颊纹，耳羽后具一白色点斑。上体大部分棕红色，背两侧灰褐色，具黑色纵纹，腰纯净无纵纹。胸及两胁具栗褐色纵纹。雌鸟似雄鸟，脸颊褐色，顶冠纹、眉纹、下颊纹及喉皮黄色，髭纹黑褐色。
生境： 栖于多种林地。
习性： 常单独或成对活动，迁徙期集成小群。常在林下灌木丛或草丛中活动、觅食。
食性： 主要取食草籽，也捕食昆虫。

朱迎春 摄

Emberiza chrysophrys

黄眉鹀

Yellow-browed Bunting

居留型： 冬候鸟
常见度： ★★★
级　别： 三有、LC

1	2	3	4	5	6	7	8	9	10	11	12

两型： 雌雄二型　　**体长：** 14 ~ 16 cm
识别： 眉纹前半段黄色，后半段白色。雄鸟侧冠纹、脸颊、髭纹黑色，顶冠纹、下颊纹和喉白色。上体棕褐色具黑色纵斑。下体白色，胸及两胁具黑褐色纵纹。雌鸟似雄鸟，羽色较淡，侧冠纹黑褐色，颊棕褐色。
生境： 栖于林地、灌木丛、湿地、草地和农田。
习性： 多集小群活动，也与其他鹀类混群。
食性： 主要取食杂草及其种子，以及谷类，偶尔捕食昆虫。

石俊祥 摄

Emberiza elegans

黄喉鹀

Yellow-throated Bunting

居留型： 冬候鸟
常见度： ★★★
级　别： 三有、LC

1	2	3	4	5	6	7	8	9	10	11	12

两型： 雌雄二型　　**体长：** 15 ~ 16 cm
识别： 雄鸟头顶黑色，具明显的短冠羽。眉纹至枕部黄色，眼先、脸颊及耳羽黑色，喉黄色。背红褐色具深色纵纹。胸部具三角形黑斑，两胁具褐色纵纹。雌鸟似雄鸟，冠羽及耳羽褐色，喉部、眉纹至枕部皮黄色，胸部无黑斑或不明显。
生境： 栖于林缘灌木丛、荒地、稻田、芦苇地，尤喜河流沿岸疏林、灌木丛。
习性： 多成小群活动。常沿地面低空飞翔，觅食亦多在林下层灌木丛与草丛中或地上。
食性： 取食植物的种子，繁殖期捕食昆虫。

卡利得 摄

雌鸟

朱迎春 摄

雄鸟

管昊昱 摄

雌鸟

石俊祥 摄

雄鸟第一冬羽

朱迎春 摄

雌鸟

朱迎春 摄

雄鸟第一冬羽

卡利得 摄

Emberiza spodocephala

灰头鹀

Black-faced Bunting

居留型： 冬候鸟

常见度： ★★★★★

级　别： 三有、LC

1	2	3	4	5	6	7	8	9	10	11	12

两型： 雌雄二型　**体长：** 13 ~ 16 cm

识别： 雄鸟头、颈及胸灰绿色或灰色，眼先及颏黑色，腹部皮黄色，两胁具黑色纵纹。雌鸟头部灰褐色，眉纹及颊纹皮黄色；喉两侧具黑色细纹，胸皮黄色，两胁具褐色纵纹。

生境： 栖于芦苇地、灌木丛及林缘。

习性： 常单独或集小群活动。

食性： 主要取食草籽、植物的果实，以及各种谷物，亦捕食昆虫。

王跃先　摄

Emberiza pusilla

小鹀

Little Bunting

居留型： 冬候鸟

常见度： ★★★

级　别： 三有、LC

1	2	3	4	5	6	7	8	9	10	11	12

两型： 雌雄相似　**体长：** 12 ~ 14 cm

识别： 成鸟顶冠纹棕黄色，侧冠纹黑色，眉纹棕黄色，于眼后变淡。脸颊棕黄色，边缘具黑色轮廓，下颊纹和喉部皮黄色，髭纹黑色。上体褐色具深色纵纹，下体偏白色，胸部和两胁具黑褐色纵纹。

生境： 栖于草地、农田、灌木丛、芦苇丛和开阔林地等环境。

习性： 多成小群分散活动，频繁于草丛或灌木低枝间跳跃。

食性： 主要取食植物的种子、果实，亦捕食昆虫。

卡利得　摄

Emberiza rustica

田鹀

Rustic Bunting

居留型： 冬候鸟

常见度： ★★

级　别： 三有、VU

1	2	3	4	5	6	7	8	9	10	11	12

两型： 雌雄二型　**体长：** 13 ~ 15 cm

识别： 雄鸟繁殖羽头部黑色，具短羽冠，冠羽后端中央羽端白色。眉纹、下颊纹和喉部白色。上体棕红色，背部具黑色纵纹，具 2 道白色翼带。下体白色，胸和两胁具棕红色纵纹。雄鸟非繁殖羽头部斑纹为黑褐色，上体栗红色变浅，耳羽褐色。雌鸟似非繁殖羽雄鸟，羽色较浅，耳羽浅褐色，眉纹、下颊纹和喉部皮黄色。

生境： 栖于开阔林地、农田草地。

习性： 常单独或集小群活动。栖息时常竖起冠羽。

食性： 主要取食草籽、谷物，亦捕食昆虫。

管昊昱 摄

王学辉 摄

王学辉 摄

孙海涛 摄

朱迎春 摄

卡利得 摄

Emberiza pallasi

苇鹀

Pallas's Reed Bunting

居留型：冬候鸟
常见度：★★★
级　别：三有、LC

1	2	3	4	5	6	7	8	9	10	11	12

两型： 雌雄二型　　**体长：** 12 ~ 15 cm

识别： 小覆羽灰色。雄鸟繁殖羽喙黑色，头、颈及上胸黑色，下颊纹及后颈环白色。背部黑褐色，具黑白相间条纹。雄鸟非繁殖羽似雌鸟，眉纹、下颊纹及喉偏白色；过渡阶段头、喉及上胸羽色杂黑色。

生境： 栖于平原沼泽和河流旁的柳丛、芦苇丛、灌木丛中。

习性： 常单独或集小群活动。性极活泼，不畏人。

食性： 主要取食植物的种子及嫩芽，亦食昆虫及少量谷物。

Emberiza schoeniclus

芦鹀

Common Reed Bunting

居留型：冬候鸟
常见度：★
级　别：三有、LC

1	2	3	4	5	6	7	8	9	10	11	12

两型： 雌雄二型　　**体长：** 15 ~ 17 cm

识别： 小覆羽红褐色。似苇鹀，但喙较粗厚，上体红褐色浓。雄鸟繁殖羽头、颈、喉黑色，白色下颊纹与白色后颈环相连；下体白色。雄鸟非繁殖羽似雌鸟，头部红褐色，眉纹、下颊纹及喉皮黄色，下体皮黄色，两胁纵纹明显；过渡阶段雄鸟头、喉及上胸多黑色杂纹。

生境： 栖于平原湿地附近的芦苇丛、灌木丛和高草地。

习性： 集小群活动，营巢于芦苇或灌木丛中。

食性： 主要取食草籽，也取食部分昆虫。

Emberiza yessoensis

红颈苇鹀

Japanese Reed Bunting

居留型：冬候鸟
常见度：★
级　别：三有、NT

1	2	3	4	5	6	7	8	9	10	11	12

两型： 雌雄二型　　**体长：** 13 ~ 15 cm

识别： 小覆羽灰色。雄鸟繁殖羽喙黑色，头部黑色，具不明显的白色眉纹，后颈基部红褐色；上体红褐色具黑色粗纵纹。雄鸟非繁殖羽似雌鸟，喙粉色，头顶黑褐色，具皮黄色粗眉纹和下颊纹，喉偏白色。

生境： 栖于湿地的灌木丛、湿生草甸和芦苇沼泽等。

习性： 常单独或集小群在芦苇或枯草秆上来回短距离飞行、跳跃。

食性： 主要取食草籽、谷物，亦捕食昆虫。

雄鸟非繁殖羽 / 雌鸟

石俊祥 摄

雄鸟

孙海涛 摄

雄鸟非繁殖羽 / 雌鸟

雄鸟

蒲川 摄

雄鸟非繁殖羽 / 雌鸟

蒲川 摄

非繁殖羽

杨勇 摄

Emberiza cioides

三道眉草鹀[1]

Meadow Bunting

居留型： 留鸟
常见度： ★
级　别： 三有、LC

1	**2**	**3**	**4**	**5**	**6**	**7**	**8**	**9**	**10**	**11**	**12**

两型： 雌雄二型　　**体长：** 15 ~ 18 cm
识别： 雄鸟头顶及耳羽栗红色，眉纹和下颊纹白色，眼先和髭纹黑色，颏、喉白色；背部栗棕色，具黑色纵纹，腰栗红色。胸、上腹及两胁栗棕色，往下色变浅至尾下覆羽白色。雌鸟羽色较雄鸟淡，眼先及髭纹灰褐色，眉纹和颊纹皮黄色。
生境： 栖于灌木丛、林缘或草丛中。
习性： 常集小群活动。性机警，一有惊扰即快速飞离或隐藏。
食性： 主要取食杂草种子，亦吃少量昆虫。

管昊昱 摄

Emberiza fucata

栗耳鹀[1]

Chestnut-eared Bunting

居留型： 旅鸟 / 冬候鸟
常见度： ★★★
级　别： 三有、LC

1	**2**	**3**	**4**	5	6	7	8	9	**10**	**11**	**12**

两型： 雌雄二型　　**体长：** 14 ~ 16 cm
识别： 雄鸟脸颊栗色，头顶至后颈呈灰色，具黑色纵纹。喉至上胸白色，上胸具黑色纵纹并形成黑色胸带，胸带与下延的黑色髭纹连接。下胸具栗色胸带，腹部近白色。雌鸟似雄鸟，但羽色较淡，脸颊偏棕色。
生境： 栖于林缘灌木丛、农田、高草地。
习性： 常单独或集小群活动。
食性： 主要取食草籽和昆虫。

王学辉 摄

Calcarius lapponicus

铁爪鹀[2]

Lapland Longspur

居留型： 冬候鸟
常见度： ★
级　别： 三有、LC

1	**2**	**3**	4	5	6	7	8	9	10	**11**	**12**

两型： 雌雄二型　　**体长：** 14 ~ 18 cm
识别： 雄鸟繁殖羽头和胸黑色，皮黄色眉纹与颈侧白色颈带相连，呈斜的“7”字形，后颈棕红色。背部棕色具黑色纵纹。尾羽黑褐色，腹以下白色。雄鸟非繁殖羽黑色转淡，喉及胸残留部分黑色，头顶具黑色纵纹，耳羽褐色，外缘黑色。雌鸟似非繁殖羽雄鸟。
生境： 栖于开阔农田、草地、沼泽地和疏林地。
习性： 冬季常集成几十只至上百只的大群。
食性： 主要取食草籽、谷物，亦捕食昆虫。

雄鸟
眼先黑色
朱迎春 摄

雄鸟
管昊昱 摄

雌鸟
脸颊偏棕色，
羽色偏淡
管昊昱 摄

雄鸟
王学辉 摄

雄鸟非繁殖羽 / 雌鸟

成鸟
马士胜 摄

参考文献

[1] 张荣祖 . 中国动物地理 [M]. 北京：科学出版社，2021.

[2] 何杰坤，郜二虎 . 中国陆生野生动物生态地理区划研究 [M]. 北京：科学出版社，2018.

[3] 郑光美 . 中国鸟类分类与分布名录（第四版）[M]. 北京：科学出版社，2023.

[4] 张雁云，郑光美 . 中国生物多样性红色名录 脊椎动物 第二卷 鸟类 [M]. 北京：科学出版社，2021.

[5] 赵欣如，肖雯，梁烜 . 鸟类环志与保护 [M]. 北京：北京师范大学出版集团，2010.

[6] 郑作新，等 . 中国动物志 . 鸟纲 . 第二卷，雁形目 [M]. 北京：科学出版社，1979.

[7] 郑宝赉，等 . 中国动物志 . 鸟纲 . 第八卷，雀形目 [M]. 北京：科学出版社，1985.

[8] 郑作新，等 . 中国动物志 . 鸟纲 . 第十二卷，雀形目 鹟科 III 莺亚科 鹟亚科 [M]. 北京：科学出版社，2010.

[9] 赵正阶 . 中国鸟类志 [M]. 长春：吉林科学技术出版社，2001.

[10] 赵欣如 . 中国鸟类图鉴 [M]. 上海：商务印书馆，2018.

[11] 刘阳，陈水华 . 中国鸟类观察手册 [M]. 长沙：湖南科学技术出版社，2021.

[12] 约翰 · 马敬能 . 中国鸟类野外手册 [M]. 上海：商务印书馆，2022.

[13] 鲁长虎 . 江苏鸟类 [M]. 北京：中国林业出版社，2015.

[14] 赵欣如，朱雷 . 北京鸟类图谱 [M]. 北京：中国林业出版社，2022.

[15] 蔡友铭，袁晓 . 上海水鸟 [M]. 上海：上海科学技术出版社，2008.

[16] 林文宏 . 台湾猛禽观察图鉴 [M]. 台北：远流出版公司，2020.

[17] 宋晔，闻丞 . 中国鸟类图鉴 猛禽版 [M]. 福州：海峡书局，2016.

[18] 章麟，张明 . 中国鸟类图鉴 鸻鹬版 [M]. 福州：海峡书局，2018.

[19] 氏元巨雄，氏原道昭 . 鸭类识别图鉴 [M]. 李一凡等译 . 长沙：湖南科学技术出版社，2022.

[20] 氏元巨雄，氏原道昭 . 鸥类识别图鉴 [M]. 丁楠雅等译 . 哈尔滨：东北林业大学出版社，2017.

[21] 戴维 · 艾伦 · 西布利 . 西布利观鸟指南 [M]. 叶元兴译 . 北京：北京大学出版社，2021.

[22] 劳拉 · 埃里克森 . “鸟人”应该知道的鸟问题 [M]. 杨萌等译 . 北京：北京大学出版社，2020.

[23] 刘刚，夏雪 . 跨越时空的中国飞鸟 [M]. 北京：金城出版社，2022.

[24] 玛丽安 · 勒 . 鸟类一切为了飞行 [M]. 王瑞卿等译 . 长沙：湖南科学技术出版社，2023.

[25] 珍妮弗 · 阿克曼 . 鸟类的行为 [M]. 曾晨译 . 南京：译林出版社，2023.

[26] 中国观鸟记录中心，昆明市朱雀鸟类研究所 . http://www.birdreport.cn.

[27] 中国动物主题数据库，中国科学院动物研究所 . http://www.zoology.csdb.cn.

[28] 国家林业和草原局，农业农村部国家林业和草原局 . 国家重点保护野生动物名录（2021）. https://www.forestry.gov.cn/search/90131.

[29] 国家林业和草原局 . 有重要生态、科学、社会价值的陆生野生动物名录（2023）. https://www.forestry.gov.cn/c/www/gkzfwj/509750.jhtml.

[30] 世界自然保护联盟 . IUCN 受威胁物种红色名录 . https://www.iucnredlist.org/.

眉清目秀

摄影：卡利得

来者不善

摄影：杨勇

情意绵绵

摄影：孙海涛

开胃小菜

摄影：孙海涛

技高一筹

摄影：徐鸿顺

黑羽飞舞

摄影：徐鸿顺

垛田守望者

摄影：石俊祥

金翅踢踏

摄影：吴建华

一路生花

摄影：卡利得

荷塘鹤影

摄影：石俊祥

归家

摄影：徐鸿顺

金羽轻波

摄影：卡利得

丛林魅影

摄影：杨勇

鹀之和谐

摄影：王学辉

天然之心

摄影：杨勇

鹬鹬相争

摄影：吴建华

死亡凝视

摄影：杨勇

黑琵在后

摄影：杨勇

从天而降

摄影：杨勇

驱赶

摄影：石俊祥

霞光映鹬

摄影：王学辉

肥美大餐

摄影：王铎

荷下纳凉

摄影：杨勇

迁徙续航

摄影：杨勇

雀回眸

摄影：王铎

轻『武』飞扬

摄影：石俊祥

临水照影

摄影：石俊祥

A

B

C

D

E

F

G

H

I

J

A

B

C

D

E

F

H

鸟类观察团
风城丽影声画集
“声”临其境，探索鸟类世界。
羽翼蹁跹高清图
定格灵动瞬间，收藏自然之美。
生态守护宣传片
观鸟护鸟，奏响泰州生态新篇。
掌中百科知识卡
浓缩精华，提炼关键识别特征。
和“AI观鸟员”一起解锁
羽翼间的自然密码
实时在线答疑 秒解观鸟疑问